创意力

11堂
斯坦福创意课

INGENIUS

A Crash Course on Creativity

[美] 蒂娜·齐莉格（Tina Seelig）著　秦许可 译

吉林出版集团股份有限公司
HarperCollinsPublishers
哈珀·柯林斯出版集团

版权合同登记号 图字：07-2012-3909

图书在版编目（CIP）数据

创意力：11堂斯坦福创意课 /（美）蒂娜·齐莉格著；秦许可译.
—长春：吉林出版集团股份有限公司，2016.8
书名原文：inGenius: A Crash Course on Creativity
ISBN 978-7-5581-1267-6

Ⅰ.①创… Ⅱ.①蒂… ②秦… Ⅲ.①创造能力—能力培养—通俗读物 Ⅳ.①G305-49

中国版本图书馆CIP数据核字（2016）第123688号

ChuangYiLi：11 Tang SiTanFu ChuangYi Ke
创意力：11堂斯坦福创意课　　（美）蒂娜·齐莉格 著　秦许可 译

出版策划：孙　昶
项目统筹：孔庆梅　刘虹伯
责任编辑：刘　洋
出　　版：吉林出版集团有限责任公司
（长春市人民大街4646号，邮政编码：130021）
发　　行：吉林出版集团译文图书经营有限公司
（http://shop34896900.taobao.com）
电　　话：总编办 0431-85656961　营销部 0431-85671728
印　　刷：三河市万龙印装有限公司
开　　本：700mm × 980mm　1/16
印　　张：14
字　　数：180千字
版　　次：2016年8月第1版
印　　次：2016年8月第1次印刷
书　　号：ISBN 978-7-5581-1267-6
定　　价：39.80元

如发现图书质量问题，可联系调换。质量投诉电话：010-82069336。

目录

CONTENTS

序

小小创意无限收益

整张考卷上只写着一个词——“挑衅”。你要围绕这个词写一篇文章。

直到最近，申请牛津大学万灵学院的学生还必须参加一项特殊的考试。这项考试要求考生围绕一个词写一篇文章，所有的考生都害怕这样的考试。他们会各自拿到一张写有“无罪”“奇迹”“水”或“挑衅”的卡片，然后在3个小时内围绕这个词语展开想象和联想，写一篇文章。

这样的考试不存在标准答案，但是，考生的知识储备和创意思维能力都能从他们的文章中反映出来。《纽约时报》曾引用一位牛津大学教授的话：“考题的公布总能让人们兴奋。”据报道，每年都有很多非考生聚集在学院外面，盼着里面传出考题的相关消息。把已有知识储备当作支点，我们就可以对任何所见所闻，甚至是一个词语，展开联想。这样的考试进一步印证了这个事实。

目前大多数人还不具备这样的创意思维，他们不明白创新其实就在我们身边。创意思维是人类生存的重要保证，具备了这种能力，就能在不断变化的世界中获得成功，面对问题也就有更多的解决方案。创意思维力提升后，你会发现困难中孕育着潜能，阻碍中隐藏着机遇，每一次的挑战亦提供了突破创新的机会。在我们身边，仔细观察就不难发现，无论是科学技术、教育，还是艺术，各个领域的杰出人士都是些善于创新的人。然而，学校很少告诉学生该怎样运用创意思维创造性地解决遇到的问题，甚至人们普遍认为创造力、创新能力都是不能通过学习获得的。

遗憾的是，常常有种观点认为“想法很廉价”。这种看法完全错误，它低估了创意思维的价值。事实上，想法一点都不廉价。它们不需我们的任何花费，却可以带来意想不到的收获。有了想法，才会有创新，才能促进经济发展，使我们的生活免于陷入重复和停滞的境地。想法如同吊车，将我们从呆板的泥潭里拉出来，踏上发展之路。没有创意思维，生活必定单调乏味，生活质量也会下降。生活中最大的失败其实不是执行力不够，而是想象力匮乏。正如著名的美国发明家阿伦·凯所说：“预测未来最好的办法是创造它！”每个人都是自己未来的创造者，而创造未来的核心就在于创意思维。

以一个词语为主题，写出一篇文章，这样的考试极好地阐述了一个道理：一句话、一件物品、一个决定或一次行动都孕育着创新。在万灵学院举行的为期数天的各种考试中，这项考试被称为“世上最难的考试”。它不仅要求考生要有广阔的知识面，还要有丰富的想象力。马修·爱德华·哈里斯曾参加了2007年的考试，他要以“和谐”为题写一篇文章。在《每日电讯报》上他回忆道：“（当时）感觉自己就像一个厨师，把冰箱翻了个遍，想找到些作料，奢望把那道根本做不出来的汤做出来。”这个巧妙的比喻告诉我们：在日常生活中，小到一道简单的汤，大到重大国际问题，处理起来都需要创意思维。

我在斯坦福大学哈索·普拉特纳设计学院执教，开设了一门关于创造和创新的课程。我的全职工作则是担任斯坦福大学工程学院科技创业项目的执行主任。该项目旨在帮助来自不同领域的学生，培养他们在把握机遇和创造性解决国际问题时所需要的知识、技能和态度。

在第一节课上，我给学生布置了一项很简单的任务：重新设计他们的胸卡。我告诉学生们，我一点都不喜欢他们现在的胸卡，因为这些卡片都太小了，不方便阅读，而且上面也没有注明我想要的全部信息。更令人尴尬的是，还有人常常把他们的名字标在皮带扣上。当学生们想到他们也曾为这个问题烦恼过时，都笑了。

15分钟后，原本挂在脖子上的胸卡已被装饰得漂亮起来，被小心地别在衬衫上，上面用大号字体写着他们的名字。这个任务顺利完成后，他们愉快地准备迎接下一个任务。但是，我并没急着结束这个任务……我把所有重新设计的卡片收集起来，然后把它们统统塞进了碎纸机。学生们吃惊地看着我，好像我疯了一样。

接着我问："我们为什么要有胸卡？"刚开始的时候，学生们认为这个问题太可笑了。答案不是明摆着的吗？不就是想让别人知道我们叫什么吗？但是，他们马上就意识到他们之前从未认真思考过这个问题。简短的讨论之后，学生们明白胸卡原来有多种用途。它可以促使两个陌生人进行交流，帮助我们避免忘记别人姓名的尴尬，还可以使我们迅速了解我们的交谈对象。

通过对胸卡作用的深入探讨，他们在相互交流的过程中，学习到了怎样与别人沟通，怎样使别人愿意主动接近自己。这种形式的课堂交流也让他们学会了用新的视角看待问题，打破传统胸卡作用的桎梏，寻找新颖的解决方案。

其中一组抛弃小尺寸的胸卡，设计了一件独特的衬衫。上面用文字和图片注明穿者的居住地、体育爱好、最喜欢的音乐以及家庭成员等信息，从而极大地丰富了胸卡的内容。与传统的别在衬衫上的小尺寸胸卡相比，这件衬衫本身就类似于一张胸卡，上面提供了大量信息。

另一组认为，在与陌生人碰面时，如果能获得对方的信息将是很有用的。它可以促进交流顺利进行，避免交谈过程中出现令人尴尬的沉默场面。因此，他们做了一个耳机模型，这个耳机详细地向你传递所需信息，比如对方姓名的发音、工作地点以及你们的共同好友等等。

与上一小组不同，第三组认为了解对方的想法远比简单地搜集大堆的信息更能保证高效的沟通。他们设计了一套彩色手链，每一种颜色代表一种心情，如绿色表示心情愉快、蓝色暗示内心忧伤、红色说明压力巨大、紫色代表幸运……利用不同颜色的手链，人们就可以向别人传递丰富的情感变化，促进陌生人之间初次沟通顺利。

开展这项活动的目的是向学生们传递一个重要的观点：所有问题都可以被创造性地解决。仔细观察一下自己的办公室、教室、卧室或者后院，你就会惊奇地发现你所见到的一切，甚至小小的胸卡，都有创新的空间。

创意思维是取之不尽的可再生资源，可以随时拿来使用。孩提时，我们本能地倾向于通过自己的想象和好奇去探索周围复杂的世界。身边的一切东西我们都要亲自验证。我们会把物品抛出去看它能落多远；把瓶罐敲响听它们会发出什么样的声音；到手的东西也要亲自捏一捏，感受一下它的手感；还常把厨房里的各色作料混在一起，尝一尝它的味道；和朋友们一道编出各种游戏；幻想着生活在其他星球又会是什么样子。那时候，我们有丰富的想象力和绝对的自信，身边的大人们也营造了适宜培养想象力的环境，鼓励我们多想象、多创新。

然而，长大后社会期望我们严肃起来，努力工作，有一定的成就。实际上，在我们现在工作的地方到处充斥着一种现象：越来越强调要规划未来，为未来做准备，却不鼓励人们好好体验现在。面对外界的压力，我们在努力满足它的要求的过程中，渐渐丢掉了与生俱来的好奇和创意思维。我们不再尽情玩耍，开始专注于工作；我们仍利用想象力，却是为了更好地执行任务；我们学会了批判新观念，对它们评头论足。随着生活态度的转变，创意思维能力在我们身上开始慢慢枯萎。

幸运的是，人类的大脑结构天生就有利于创意思维能力的发挥，而且激活和开发大脑中潜在的创意思维并不是一件难事。人类的大脑，在结构上极其复杂，在功能上最适宜创新，是由功能单一的一群神经细胞经过上百万年演变而来的。它随时关注周围环境的变化，根据环境的需要第一时间做出最恰当的反应，因此我们的每一句话、每一次互动、每一个决定都是大脑对特定环境的反应。事实上，在处理问题时我们总能找到不同的办法，这恰恰证明我们生来就有用之不竭的创意思维。

诺贝尔奖得主、神经科学家埃里克·坎德尔曾说过，大脑是一台创意机器。现在我们知道，位于前额正后方的额叶决定着大脑能否产生富有创意的想法。约翰·霍普金斯大学的查尔斯·林姆教授对大脑的初步研究表明，人们在进行创意性思考时，大脑中负责自我监控的那部分处于休眠状态。查尔斯·林姆教授利用可以显示大脑各个区域代谢活动的功能性核磁共振成像技术，来研究爵士音乐家和说唱歌手的大脑活动。在这些艺人接受核磁扫描时，他们要即兴表演一段音乐。在他们表演的过程中，查尔斯·林姆教授发现额叶中负责决策判断的那部分不太活跃。这就表明在进行创意性思维时，大脑自动关闭了对新想法的抑制功能。一般情况下，大脑的自我监控功能对我们很重要，它保证我们不会想到什么说什么，想干什么干什么。然而，当我们进行创意性思考时，这种优势就变成了劣势。因此，那些极富创意思维的人显然懂得在必要时怎样关掉这部分功能，使新颖的念头不受抑制地生成，让想象力自由驰骋。

许多世纪以来，人们怀疑自身具有创意思维，认为外界才是激发创意思维的源泉。古希腊人信奉掌管文学艺术的缪斯女神，祈求拥有她的能力。英国文学巨匠莎士比亚写诗的时候，也常常呼唤他的缪斯，恳求她的帮助。生活中灵感的诞生往往需要被激发，因此期望从缪斯那里获得灵感的做法就似乎有一定的道理。但是，现在我们知道只有自己才能唤醒体内的创意思维。

许多人不相信创意思维可以通过学习获得。他们认为创意思维是天生的，不会因后天学习而改变；如果你不具备创意思维的话，没有什么办法可以帮你。我不同意这样的观点，利用一套合理的训练方法，配合一定的环境因素，想象力是可以提高的。而且现在的确存在这样的训练方法，只要合理利用这些条件，创新能力必然增强。遗憾的是，由于这些训练方法很少被正式介绍给大家，大多数人误认为创新很神秘，其实创新不过是思维习惯和外界环境共同作用的产物。

创造意味着推陈出新，敢为天下先，因此借助一些方法来提高创意思维似乎有悖创意思维的本性，但我们最需要的正是这些方法。科学家们采用可靠的科学方法来设计实验，同样一套合理的用于产生思想的方法也可以帮助我们提高创意思维。回想一下，我们现在能娴熟地运用科学方法来指导实验，也是得益于小时候的学习。刚开始的时候，为了揭开神秘世界的运行规律，我们必须先学会怎样提出假设并验证这些假设。也就是，提出深刻的问题，列出所有的假设，通过实验寻找答案。经过反反复复的实践，这套方法使用起来才会得心应手。

这种科学方法在探索世界奥秘中的重要性不言而喻，但如果不满足于“发现”而想要“发明”时，我们就另需一套工具和方法了，它就是“创意思维”。科学方法和创意思维虽是两套不同的方法，但它们的本质是一致的：揭开创新之路的奥秘，指明通往创新大门的方向。各个领域杰出的科学家和创新者实际就是依靠科学方法和创意思维不停地往来于“发现”与“发明”之间。最优秀的科学家往往也是最娴熟的创新者，他们总能提出新颖的问题，设计出独特的实验来验证假设。是时候把培养创意思维像教授科学方法一样从孩童时就列入我们的教育重点了，是时候把创意思维当作一种终身教育了。

在解决实际生活问题时我们已不同程度地运用到创意思维。有些创意的结果是暂时的、容易被忽视的，如用鞋支门，把书角折起来作为书签，或者做饭时没有某种作料就用厨房里现有的其他东西代替，等等。我们很清楚地知道该怎么应对日常生活中遇到的这些小事，因此也就不把它们当作创意思维的结果了。然而，有些创意足以促生一个新行业。我们使用的日常用品，如闹钟、纽扣、扑克牌、手机、尿不湿、门把手、眼镜等，所有这些东西曾经是某个人创意思维的产物，是他们面对生活中的难题或抓住了创新机遇创造出来，然后把它们介绍给世界的。

每时每刻都有不同问题等着我们去处理，有各种境况等着我们去改善，创新性产品等着我们发明出来。我们遇到的每个问题、每次挑战都蕴藏着商机，能否抓住它取决于我们的创意思维。令人难过的是，同个体一样，大多数组织发展到一定阶段就不再鼓励创新了。他们把创意思维锁住，抛弃想象力，只关心执行力。肌肉不常用的话会萎缩，创意思维经常被忽视的话也会退化，这将是我们极大的不幸。在不断变化的环境面前，盲目发展的个体和组织终将与富有创新精神的对手相差越来越远。

创新型公司深知他们团队里多么需要有能够应对突发事件的创新型人才。谷歌招聘员工时，应聘者不仅要回答一些关于软件或市场方面的专业问题，还要面对一些考查创意思维的问题，如“一辆校车能装下多少个高尔夫球”“全世界共有多少个钢琴调琴师”“假如你缩小到只有一枚五分钱硬币那么高，随后被扔到一个空的玻璃搅拌器里，搅拌刀片将在六十秒后开始运转，你该怎么办”。所有这些问题旨在筛选出那些面对无标准答案的难题时仍能应对自如的应聘者。

许多科学家一直努力将创意思维量化，设计了很多测试来计算创意商数，如让你回答些一枚曲别针、一个信封、一块砖或一张纸有多少用途之类的问题，而你的得分就取决于你能给出多少种不同的答案。科学家们相信得出答案的多少基本代表了智力的高低，那么创意思维测试也不失为一种测量创意思维的好方法。面对同样的测试题，有人仅能想到几种不同的用途，有人却能给出很长的答卷。人们认为面对一件简单的东西你能想到的用途越多样化，你富有创造性地解决现实生活中的问题的能力就越强。

在我看来，这样的测试就像高难度体操表演前的热身运动，非常有趣，尽管测试要比热身运动简单得多，而且测试的目的是检测你是否具备创造性解决现实问题的能力。很多因素都会影响体操比赛的结果，其中包括是否训练有素、是否有取得好成绩的强烈愿望，以及比赛设备是否合适等等。同样，影响创意思维的因素也很多，其中包括知识、动机和环境。在考查创意思维时，这些因素和“曲别针有多少用途”或“怎样逃出玻璃搅拌机”一样重要。此外，不仅有个体创意思维，还有团体创意思维、组织创意思维和社区创意思维。因此提到创意思维时，要把影响它的个体素质和周围环境全部考虑在内。

我在创意课程里，指导学生认识影响创意思维发展的内外因素。课堂形式新颖多样，有研讨会、案例分析、创意设计、模拟游戏、实地考察旅行，有时还拜访富有创新和冒险精神的知名人士。在整个过程中学生要学好抓住机遇、开放思维、质疑假设、重审问题。课程结束时，他们已掌握了一套促生新观点的思维方法。

课堂上，学生要完成一些不同的任务，每个任务都是为培养创意思维而设计的。专业不同的学生们聚在一起，组成了跨学科小组。这样组建小组的方法有很重要的意义，因为我们今天面临的大多数问题都需要了解来自不同背景的观点后才能得以解决。

同时，学生在课堂上将置身于各种各样的有利于培养创意思维的环境里，学习怎样创建一个最适宜创新的企业。我们通过研究企业中可以改进的地方来提高团队的创意思维，如重新设计物理空间、更改工作纪律和激发团队的工作激情。我们参观许多公司，观察它们如何利用环境开发创意思维。学生们与公司的领导交谈，了解他们怎样通过制定政策鼓励创新。

根据我十多年从事创造与创新教学的经验，我可以肯定地讲，创意思维是可以培养和提高的。本书在接下来的几课内容中将会重点、详细地介绍几种提高创意思维的工具和方法，并配以鲜活的例子加深你对理论的理解。这些方法可以帮你更好地抓住机遇、开放思维、质疑假设、重审问题；教你怎样重新布置办公环境，激发员工的创意思维。最后，本书还讲述了动机和态度，即是否愿意尝试新想法，有没有克服困难的决心，能否容忍新想法，以及它们是怎样影响创意思维的。

重要的是，要明白这些因素共同发挥作用、相互影响，不能孤立存在。我设计了一个新模型“创意引擎”（如下图所示），它清楚地说明了所有因素是怎样共同发挥作用，又相互影响的。我之所以给这个模型命名为“引擎”，是因为这个词同“独创的”一样，都是源于拉丁语，指与生俱来的天赋。我用这个词是想提醒大家，模型中提到的各种能力其实我们生来就有。我之所以设计这个模型，就是想给大家提供一些可以直接拿来测试和提高个体、团队、组织或社区创意思维的工具。

创意引擎

六要素：知识（Knowledge）、想象力（Imagination）、态度(Attitude)、资源(Resources)、环境(Habitat)、文化(Culture)。

该模型由内层和外层两部分组成。内层包含三个因素：知识、想象力和态度。

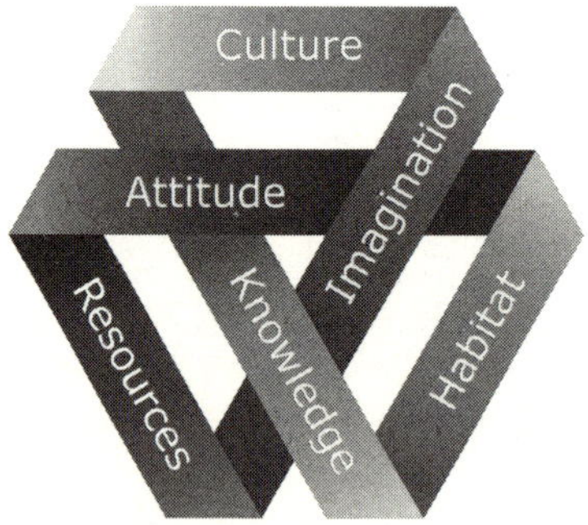

· 知识储备是发挥想象力的基础。

· 想象力是将已有知识转化为新想法的催化剂。

·态度是点燃创意引擎的火。

外层也包含三个因素：资源、环境和文化。

·资源指你所处的团体内一切可利用的东西。

·环境指你的生活环境，比如家庭、学校或者办公室。

·文化是你所处的团体中体现出来的集体信仰、观念和行为。

这个创意思维模型看起来似乎很复杂，但我会在书中对这六种因素逐一讲解，探讨它们是怎样共同激发创意思维，又是怎样互相作用的。你会发现，随着对这六种因素和创意思维的深入探讨，“创意引擎”模型准确地抓住了它们之间的关系。本书的重点放在可以直接控制的那部分因素：想象力、知识、环境和态度。只要认真阅读本书，使用书中提到的各种方法，你将逐渐学会启动自己的“创意引擎”。

第一课到第三课讲述怎样通过重审问题、发散思维和质疑假设来提高想象力。第四课讲述的是怎样通过提高洞察力来加强知识储备。第五课到第八课分析了周围环境中可能影响创意思维的各种因素，如物理空间、规则限制、创新鼓励和团队动力等等。第九课和第十课讨论了主观态度，即是否愿意尝试新想法，有没有克服障碍的决心，能否容忍新想法，以及它们是怎样影响创意思维的。第十一课研究各个因素如何共同作用才能产生强大的创意思维。

在阅读中你会经常看到一个观点：是否具有创意思维不仅要看你有没有新颖的想法，还要看你是否确实将想法落实。接下来我们一起来揭秘怎样发动你的创意引擎。你将会深切体会到每个词语、每件东西、每个想法都提供了创新的机会。新想法的产生不需要什么花费，但它带来的成果却是难以估量的。

第一课

来场思维的革命

创意力

和摄影师一样换个角度看

“5加5等于几？”“几加几等于10？”

第一个问题的答案很明显，“5加5等于10”，但第二个问题的答案就多了。如果把负数和分数都考虑在内的话，更有无数个答案。同是简单的加法运算，为什么前一道只有一个答案，后一道却有无数个答案？答案就在于表述问题的方式不同。实际上，同一个问题，不同的提问方式会带来不同的答案。提问方式变了，答案也会随之而变。爱因斯坦说过：“如果给我一个小时解答一道决定我生死的问题，我会花55分钟来弄清楚这道题到底在问什么。一旦清楚了它到底在问什么，剩下的5分钟时间足够来回答这个问题。”

站在不同的角度看问题对提高想象力特别重要。角度不同，看到的风景就不同。只要多加练习，你就能娴熟地运用这项技能。

拍照就能很好地训练这种能力。福勒斯特·格里克是一位狂热的摄影师，在加利福尼亚州落叶湖附近开了一间摄影工作室。他向来访者演示怎样通过变换视角来观察风景。格里克先让他们用广角镜头拍下全景和远处海边的树林，然后逐渐调近镜头，拍下一株野花或落在花上的七星瓢虫。他告诉大家只要上下左右变换镜头的位置，不用移步就能拍到不同视角的照片。如果从湖对岸或哪个山顶或湖中的小船上拍摄，当然就能拍到更多角度不同的照片了。

1968年，雷·埃姆斯和查尔斯·埃姆斯共同拍摄了一部精彩的纪录片《十的力量》，里面的镜头就不停地变换着拍摄视角。这部片子在网上就可以找到，主要通过独特的镜头介绍我们已知的宇宙：

第一个镜头里我们正在芝加哥湖畔野餐，下一个镜头里我们已经到达宇宙外缘。此后，每隔10秒我们离出发点（也就是野餐地点）的距离都是上个10秒的10倍，直到看到地球在宇宙中变成了一个亮斑。然后以惊人的速度离开宇宙，停在睡熟的野餐者的手掌里。同样，每隔10秒我们看到的东西都比上个10秒看到的精细10倍，直到看到一个白细胞。最后，在它的DNA分子的碳元素的质子里结束这次旅行。

这个例子充分说明了可以换个角度从上下、远近、前后各个方向观察事物。每天我们都站在同一个角度看待身边的所见所闻，这虽不失为认识事物的一种方法，但这种单一的观察视角大大限制了我们的思维。

很多时候，我们从不去质疑这种思维习惯，想当然地认为透过它就可以正确认识世界。殊不知，要想提高想象力，必须学会怀疑和改变惯常的思维方式，只有打破了传统思维的桎梏，才能全面地认识事物。同一个体，站的角度不同，观察到的结果就不同；不同个体，对同一件事即使站在同一角度，对事情的态度仍会不同。比如，对同一件事，孩子与大人的想法不同，专家、新手与普通人的观点不同，富人与穷人的态度不同，甚至高个子与矮个子的评论也不同。但每一种观点都是站在不同的观察视角得出的，表达了不同的人对观察对象的不同认识。

在斯坦福的哈索·普拉特纳设计学院，学生们学习怎样与顾客建立共识，从他们的需求中寻找商机，开发出能满足他们需求的产品和业务。当你努力去理解别人时，实际上你正跳出自己的思维习惯，站在顾客的立场看待问题。比如，现在要设计一件东西，不管是饭盒还是登月舱，你很快就会发现不同的人有不同的需求。学生们要学习怎样通过观察、倾听、采访等途径了解他人的需求，然后观察、分析这些资料，发现其中尚未得到满足的需求。

“寻找需求”从提问开始

另一种换个角度看问题的方法就是多问几个“为什么”。

迈克·巴里在他的“寻找需求”课上举过这样一个例子：假如我让你给我建座桥，你可能现在就去；你也可以过来问我，为什么要建座桥。我可能会说我要到河对岸去。好了，这个回答一下子就给你提供了不同的解决办法。除了建座桥，有很多途径都可以到河对岸，如挖地道、乘船、用索道或坐热气球等等。

更进一步，你还可以问我为什么要到河对岸去。假如我告诉你我在河对岸上班，和上一个回答一样，这个回答也提供了有用的信息，暗示了更多的解决办法，因为很有可能我不用到河对岸上班就能找到其他的谋生途径。

只需要多问几个“为什么”就能轻松地找到不同的解决方法，之前谈到的重新设计胸卡的故事就是一个很好的例子。当我问学生“我们为什么要有胸卡”时，重新设计胸卡的方案也就不止一种了。

在面对各种挑战时，能否换个角度看问题就显得格外重要。来看一个例子，1543年之前，人们认为太阳和其他星体都是绕着地球运行的。仰望天空时，似乎地球真的是宇宙的中心。1543年，哥白尼提出太阳才是太阳系的中心，从此纠正了人们的错误观念。在当时，“日心说”的提出改变了人们看待世界的角度，我们后来称之为“哥白尼革命”。从“地心说”到“日心说”，这种变化深刻地改变了人们对宇宙的看法，重新定义人类在宇宙中的作用。它铺平了通往近代天文学的道路，并为近代天文学提供了新的研究平台。只要换个角度看问题，你也能点燃一场新的革命。

有些艺术家和音乐人特别擅长让我们摆脱惯性思维的桎梏，鼓励我们用新的眼光看世界。以图形艺术闻名的摩里茨·科奈里斯·埃舍尔总拿我们的视觉做文章。我们在看他的作品时常常难以分辨前后景。他有一幅画（如下图），前后景画的是游鱼和飞鸟。从上往下看，鸟在前景，鱼在后景；从下往上看，鱼在前景，鸟在后景。

1952年，作曲家约翰·凯奇创作了一支曲子《4'33"》（读作4分33秒），可由任何一种乐器独奏或合奏。整个演奏过程中，所有演奏者静静地坐着，乐器被静静地放在一旁。这支曲子备受争议，它最初的创作意图是想让听众聆听观众席上发出的声音，去注意一直包围着我们的天然音乐，而不是舞台上的表演。

还有一个例子是关于著名小提琴演奏家约夏·贝尔的。他通常在坐满了赞助商的剧院里表演。为了看他的演奏，这些赞助商不惜花费几百美元。2007年，《华盛顿邮报》的专栏作家基恩·温加滕请贝尔在华盛顿的地铁站演奏，观察在这样的环境下人们对贝尔的反应。那天，贝尔一身休闲装扮，戴着棒球帽，他的斯特拉迪瓦里小提琴演奏的是一支美妙绝伦的曲子。温加滕在站台安装了一台隐形摄像机，记录路人的反应。那天总共有1097名路人从贝尔旁边经过，尽管曲子还是舞台上表演过的那些曲子，但只有7人停下来听他演奏。45分钟后，贝尔共收到32.17美元的小费，其中有20美元是一个认出他的路人给的。当演奏地点不是舞台，听众不再是坐在观众席上时，尽管曲子还是一样优美，却很少有人注意到贝尔的存在。在那些路人眼里，贝尔失去了在舞台上的那种耀眼光芒。

每天我们都可以试着换个角度看世界。比如，把一块石头或一截浮木放到展台上，它们就变成了艺术品，把你的年轻助理当成未来的CEO（首席执行官），或坐到地板上观察小孩是怎样观察周围的。此外，还可以通过主动改变周围环境来解决问题。

在线音乐商店CD baby的创始人德雷克·西弗斯在TED（注：TED是Technology Entertainment Design的首字母缩写，是由克里斯·安德森创立的一个基金会）做过一次题目为《怪事还是仅仅与我们不同而已？》的演讲。演讲中提到日本的城市规划。在美国，街道都有自己的名字，建筑也有自己的编号；但在日本，只有街区才有名字，街道只不过是街区与街区之间没有名字的地理地带而已。而且街区的编号不是按地理位置而是按竣工时间排序的。对那些从小在街区长大，看着新建筑一栋栋出现的当地人来说，这样的命名方法一点也不奇怪。

这个例子告诉我们，生活中的大多数事情都有两种不同的做法。能否明白很多事情并非只有一种解决方法，然后换个思考角度，找到其他适合的解决途径，这就要看你自己了。

我们想当然地认为，只有自己解决问题的方式才对。比如，我们自认为什么场合该穿什么衣服，该怎样和别人打招呼，一日三餐该吃什么。但是，只要去中国、墨西哥、巴基斯坦或者韩国做一次简短的旅行，你就会发现，这些国家处理上面三种情况的方式与我们完全不同。假设你要吃早餐，在中国餐馆服务员会端来鲜虾大米粥和皮蛋，在墨西哥餐馆你会吃到玉米煎饼，在巴基斯坦你会喝到一种用羊肉熬制的汤，在韩国你肯定吃到泡菜了。

在饮食这方面，一些富有创新精神的厨师完全重新定义了餐馆的作用，颠覆了传统餐馆的样子。传统的餐馆希望能一直吸引顾客，努力培养一批忠实的顾客。但有些创意餐馆不在一个地方长久经营，不停地流动。这种流动餐馆很像边走边演的马戏团，它的装饰、菜单、服务生和宣传都有别于传统的餐馆。

无论在哪里，各种行业都需要创新精神。英国连锁超市巨头特易购公司为了持续提高市场份额，急需找到一种新的经营模式。调查发现，顾客太忙，很难抽出时间去超市购物，于是决定主动把超市带到顾客身边。他们提出了一种全新的服务模式，将超市货架上的食物拍下来，然后把等比例的海报贴到地铁站。消费者在等车的时候，利用手中的手机拍下所需食品的二维码，然后通过信用卡付账。晚上，当他们回到家中时，这些货物早已送达。这种新的购物方式极大地提高了特易购的营业额。

创新人人都可以做到。要想在不断变化的市场和不断更新的技术革命中立于不败之地，所有的公司都必须解放思想、与时俱进。

柯达公司一直将自己定位为相机生产和胶片摄影公司，数码相机的问世使胶片摄影成为历史。由于思想保守，柯达公司未能及时从事数码相机的生产，终遭惨败。相反，Netflix通过电子邮件销售电影DVD光盘，从而避免了失败的厄运。在新技术面前，Netflix公司及时更新自己的市场定位，不仅从事DVD光盘的销售，更把电影销售作为主打方向。当科技的更新使网上电影销售成为可能，Netflix公司早已准备好要随时踏进这一新市场。同样的事情也发生在图书销售业。亚马逊本来只从事纸质图书的销售，当市场环境变化后，它立刻扩大自己的业务范围，新增电子图书的销售，还设计了专用的电子图书阅读器。

解放思想，勇于创新，有时可以带来新的商机。

Bespoke公司的创始人斯科特・萨米特，为需要假肢的残疾人提供了一个全新的假肢定制途径，创造了无限商机。Bespoke这个词源于古英语，指“为顾客量身定做的”。斯科特・萨米特的公司就是专门为残疾人定制假肢的。正是看到一些戴假肢的人，由于行动不便内心难堪，极力想掩饰自己的假肢，才使斯科特・萨米特萌生了创办Bespoke公司的念头。他认为假肢不仅要用起来方便，也要满足时尚需求，所以他决定要生产比普通假肢更酷的新式假肢。

Bespoke公司使用一种先进的3D印刷术来制造假肢。设计师首先扫描顾客健康的肢体，对照着它设计出假肢模型，最后用顾客希望的能体现他们生活特点的材料进行外层包裹。比如，假肢的外表可以酷似西部牛仔穿的皮靴，或者可以给它刷上一层铬，和摩托车完美匹配，或者设计成能搭配时尚礼服的蕾丝状。这些假肢不仅使用方便，更是一种时尚标志。顾客在公共场合时也不再感到尴尬，从而将传统假肢的功能由力学层面扩大到时尚标志。

富有创新精神的教师同样也重新定义了何为教师、何为学生。

在传统的历史课堂上，学生人手一本枯燥的课本，按老师要求把书中提到的事实和日期完整地背诵下来。但是只要退后一步，重新审视教学目标，你就很可能设计出完全不同的课堂形式。旧金山的联合校区就是这么做的。斯坦福大学教育学院的老师们重新设计了历史课的授课方式，极大地调动了学生的积极性。学生由以前被动的接受者变成了积极的参与者。

据斯坦福大学教育学院的院长迪波拉·史提皮克讲，现在高中历史课已有很大变化。如果要学习某段历史，学生不再像以前那样只靠课本。现在他们能接触到大量的真实史料，如某个时期各个阶层写的书信的复印件、当时的地图，以及对那段历史持不同观点的当地报刊文章。由艾比·瑞斯曼和山姆·温伯格负责的“像史学家一样去研读”历史课程方案，就提倡学生聆听各种不同的声音，独立思考，对特定历史形成自己的见解。在课堂上，学生之间互相辩论。这种教学模式加深了学生对资料的理解，提高了他们的批判性思维，激发了他们的求知欲。

为了检验这种利用真实史料授课的教学方法的效果，课程方案负责人将传统课堂的学生成绩与新式课堂的学生成绩加以比较，结果发现前者的成绩远低于后者。除了成绩上的差异外，新式课堂的学生对历史学习还表现出更多的主动性和激情。他们把自己看成是历史研究员，不自觉地培养批判性思维，这些都是传统课堂无法提供的。通过重新定义课堂授课方式，学生们接触到了各种各样的常常对立的资料，这帮助学生学会换个角度用不同的眼光看世界。

这里有一些有趣的训练方法，可以帮你练习换个角度看问题。“分析笑话”是我最喜欢的方法之一，通常这会很有趣，因为笑话往往在你最意想不到的地方突然峰回路转，引你发笑。

下面来看一个例子：

一天天气不错，两位男士正在打高尔夫球。其中一个人正要发球时，一列葬礼队伍从旁边的墓地经过。这位男士停下来，脱下帽子，然后对着葬礼队伍鞠躬。另一位男士赞道：“哇，真没想到你这么体贴人！”这位男士回答：“这一点我起码还是能做到的，毕竟和她结婚在一起生活也有25年了。”

不难发现，那位男士的最后一句话一下子推翻了我们之前的理解。当我们得知那位过世的人是他的妻子时，他不再是最初那位体贴的绅士，而是一个十足的浑蛋。

在电影《粉红豹》里面也有一段经典的笑话：

探员克鲁索问酒店的服务人员："你的狗会咬人吗？"服务人员回答说不会。

然后，克鲁索弯下腰摸摸旁边的狗，说："狗狗真乖。"没想到克鲁索的手立马被狗咬了。他向服务人员质问道："你不是说你的狗不会咬人吗？"服务人员的回答是："它不是我的狗。"

同样，原来他们谈论的不是同一条狗。只要认真分析一下笑话，你就会发现幽默往往在话题转换时产生。

换个角度看问题能让你看到别人看不到的一面，但要想获得这种能力你就要付出努力，心无旁骛，不断练习。学会换位思考，站在他人的立场看问题，多问几个"为什么"，这样你就能养成新的思维习惯。总之，所有这些方法都是为了让你在生活中遇到问题时能进行创意性思考。

第二课

联想成就创意

创意力

把不相干的东西联系成新奇的创意

假如把象棋和食物联系起来，你会想到什么？恐怕是“好玩又好吃”的可食用棋子吧。换成高跟鞋和三轮车、冰激凌和冰盘呢？应该是带轮子的高跟鞋和冰制免洗、用后即化的冰激凌杯吧。

上面这几个小创新出自约翰·卡西迪和布兰登·博伊尔合著的《奇思妙想》，里面全是类似的尚未在现实中推广的创意。将看起来不相关的东西联系起来，给大脑插上想象的翅膀，就会诞生很多有趣的奇思妙想。约翰·卡西迪和布兰登·博伊尔写这本书的目的，就是为了帮助人们正确看待那些荒诞离奇、不太实用的创意，明白很多伟大的发明在诞生之初都曾遭到公众异样的眼光。

日本的“珍道具”就是个典型的例子。“珍道具”是一种奇特的发明形式，能发掘出普通东西以外的让人意想不到的用途。如向上撑开的雨伞能收集雨水，镜腿能取下来当筷子用的眼镜，以及在蹒跚学步的小孩衣服前面加块抹布，让他们在爬行时擦地板，或者在衬衣的背部画上坐标图，方便他人在上面涂鸦。虽然这些发明现在还不具备使用价值，但为今后的进一步创新奠定了基础。

创新的关键在于把互不相关或联系不大的旧事物结合起来，产生新的事物。要想做到这一点，就必须依靠丰富的想象力。换句话说，要想有所创新，就必须学会发挥想象，重新认识，开发现有的资源。

要看到不同事物之间的联系，需要不断练习。《纽约客》上人人都可参与的“漫画标题竞赛”就是个不错的训练途径。每周，《纽约客》都会在最后一页刊登一幅没有标题的漫画，然后从参赛作品中选出三个标题刊登在下一期上，由读者投票选出他们最喜爱的那一个。这类漫画往往有一个共同的特点，就是里面的人物或场景搭配往往出人意料，读者要找到一种自然幽默的标题将它们融为一体。

下面两幅漫画就选自《纽约客》：

第一幅漫画中，一个怪兽和人们一起坐在餐桌前；

第二幅漫画中，一只玩具马放在办公室里。

你想到的标题是什么？猜一猜，然后可以找找《纽约客》给出的

标题。

《成就优雅》的作者马修·梅介绍过他参加漫画标题比赛的经验。他发现由于获胜率低至万分之一，因此只有富于创意，又不落俗套的标题才能获胜。

有一幅漫画，画的是一对男女身穿防护服，坐在床边。他先在纸上写下“床”“旅馆”“性”“防护措施”“细菌”等与漫画场景有关的字样，然后试着把它们联系起来。大约5分钟后，他已想出好几个标题，然后他把这些标题放回漫画情景中，比较哪个会更适合。马修·梅认为，创新意味着你要打破传统思维的桎梏，走出惯常的线性思维模式，必要时拐个弯才能找到正确答案。他给出的这幅漫画的标题是："下次我们能不能像别人一样只接种流感疫苗？"

爱丁堡艺术学院设计系主任艾伦·默里在荷兰埃因霍温科技大学执教的时候，为了培养研究生的创新能力，给他们布置了一项完全出人意料的任务：用两件日常生活用品，制作一件性玩具，并附上说明书。这真是项前卫的任务！艾伦·默里的目的是想借此激发学生的想象力，鼓励他们大胆尝试各种想法，明白创新就是把一些不相关的事物联系起来。

有一次去日本做报告，我也给听众布置了类似的任务，要求他们用两件完全不相关的日常用品，如花瓶和鞋子，设计一件新东西。结果，有的设计完全没有新意，有的只是增加了原有用品的功能，只有少数人的作品达到了要求。

在达到要求的作品中，有人用图钉把棒球帽倒置，钉在墙上当篮筐，有人利用杯子和海绵做了一副耳机，还有人拿口红和指甲油来画画。从日本回来时，我在旧金山国际机场参观了一个类似的艺术展。展厅里的展品中，有的是用废瓶盖拼起来的漂亮项链，有的是用糖纸拧成绳子做成的衣服，它们都是对日常用品的再加工。

很多人交上来的作品中都用到了闹钟。有个人把识字卡连到闹钟上，早上闹铃响时，必须把卡片上的几个错误单词更正过来后才能关掉闹铃。还有人把闹钟和室内空气清新剂结合起来，时间不同，清新剂散发出来的香味也不同，如早上的气味让人精神饱满，晚上的气味则让人精神放松。

给我印象最深的是一位男士的作品。他说他现在有两个小孩，当他和妻子准备再生第三个小孩时，不幸的事情发生了，他们已经丧失了生育能力，为此，这对夫妻一直很沮丧。一天，这位男士下班回到家，3岁的儿子送给他一个用报纸和橡皮筋做的洋娃娃，对他说："爸爸，我给你做了个洋娃娃，送给你，你把它当作那个小孩吧。"多么感人的故事！小小的创意，却带来了莫大的精神安慰。

不一样的文化和思维总能擦出创意火花

创新需要把不同的事物联系起来，而当不同文化、不同想法发生碰撞时，必然会擦出新的火花。

《华尔街日报》上刊登过一篇文章，强调国际贸易对创新的影响，其中有句话"贸易之于文化演变，正如性交之于生物演化"，准确地抓住了创新与文化融合、创新与观念碰撞的关系。文章称，凡是处于世界十字路口的城市，像古亚历山大海港、伊斯坦布尔，近代的香港、纽约、伦敦，都会吸引世界各地不同文化背景的人前往。在不同文化的碰撞与融合中，这些城市的创意思维得到提升，新观念不断产生。

加利福尼亚大学信息学院主任安娜里·萨克森宁进一步深入研究了

创新与观念碰撞、文化融合的关系。她认真观察了一些以创新闻名的城市，如硅谷，探究是哪些因素造就了它们非凡的创意思维。在她的《地区优势》一书中，她把硅谷独特的企业精神和强大的创新能力归结于个体与个体之间、企业与企业之间无障碍的交流。在硅谷，一方面，不同背景、不同经济水平的人们之间往往不存在太大的文化障碍；另一方面，企业分布比较集中，这就大大方便了企业之间正式或者非正式的交流、沟通。只要用心观察，你会发现生活中处处都有硅谷式的交流机会。以学校的棒球比赛为例，比赛的小队员们来自不同的家庭，坐在看台上呐喊助威的父母们从事着不同的工作：公司主管或者风险资本家，他们的旁边很可能坐着刚刚创业的工程师。在给自己的孩子加油的时候，家长们常常会聊起家常。这样的闲谈不能轻视，它很可能带给你意想不到的收获。对方随口说出的话，有可能就回答了萦绕在你心头多日的疑惑；而有时候可能是给你介绍了一份新的工作，甚至可以帮你解决掉头痛的资金难题。

发生在工程师马克·德布雷克身上的事就是这样的。一天，马克在当地一家咖啡馆里用餐，他的儿子和邻座的两个小女孩在旁边玩耍。不久，马克和小女孩的爷爷聊了起来，让他惊喜的是，这位老人正是自己正在潜心研究的那项技术的发明者！小女孩的爸爸当时也在场，他曾是位成功的企业家，现在是位风险投资家。经过随后的几次交谈，马克和小女孩的爸爸决定共同创立一家研发个人健康用品的公司。

实际上，生活中有很多地方都是很好的交流场所，如公开讲座、会议和咖啡馆等。斯坦福科技创业项目每周都有面向公众的《创业思想领导者讲座》，这给学生、教师、企业家、投资商等听众提供了一次了解前沿动态、互相交流、认识其他行业的机会。这也是该讲座与其他讲座最大的不同之处。

大学的存在就是为了促进各种学科的交流，因此很多创新出自大学也就不足为奇了。不同文化背景的学生坐在同一间教室里，学习不同的专业，彼此交换想法，就像蜜蜂穿梭在花丛中交换信息。此外，大学还通过不同的途径鼓励跨学科交流，如加利福尼亚大学伯克利分校开展了一个项目，通过提供创业资金和奖金的形式鼓励研究生从事跨学科研究。

《地区优势》的作者安娜里·萨克森宁认为，创新很多时候是社交活动的产物，需要人与人之间沟通与交流。沟通的形式多种多样，如观察他人、寻求建议或者直接合作。沟通的形式越多样化，就越有可能实现创新。世界上移民聚集的地区往往盛产融合美食。秘鲁的首都利马有道著名的美食，它是将印第安、西班牙、中国、意大利、非洲、日本等不同风格的文化元素和烹饪方法融合起来制作出来的。前往利马的移民也将自己家乡的饮食文化带到了那里。

创新等于超越现有的认识和事物

超越现有的认识和事物也是一种创新。随便询问一位艺术家，他通常都会说他的灵感是受到前人的启发。画家借鉴前人的创作经验，音乐家汲取前人的艺术精华，作家从前人的作品中得到启发，发明家也是得益于前人的研究成果。正如毕加索所说："好的艺术家复制，伟大的艺术家窃取。"

1994年，苹果公司的联合创办人和前行政总裁史蒂夫·乔布斯在一次采访中也提到毕加索的这个观点。他说创新的关键在于"去接触人类最新的研究成果，然后让它为你的产品服务"。在他看来，麦金塔电脑（Macintosh computer，苹果公司1984年推出的一种机型）之所以伟大，就在于它是音乐家、诗人、动物学家、历史学家和计算机科学家等各行业优秀人才的智慧结晶。苹果公司正是在人类已有知识和经验的基础上不断创新，不断发展的。

超越现有的认识和事物不仅能带来创新，也会带来无尽的精神享受。当你一直埋头于冥想或研发，突然灵光一闪，那一刻内心的成就感和满足感是外人无法体会的。有研究认为，当我们努力寻找事物之间的联系时，大脑就会分泌出一种叫多巴胺的化学物质。听到一则有趣的笑话，完成一块拼图，或从一堆看似杂乱无章的信息中找出规律，这时大脑就会分泌多巴胺。这种观点有一定道理，因为人类大脑结构决定了人们喜欢寻找不同事物之间的联系。

来自不同背景和不同文化的人聚在一起时，大脑会本能地寻找彼此间的共通之处。有些人特别清楚这一点，为了激发思维、产生新想法，他们故意给自己创造与陌生人接触的机会。我曾在飞机上遇到一位推销员，他告诉我他选飞机票时总买经停地最多的票。这样做是为了在旅途中能接触到尽可能多的陌生人，因为乘客都是来自各行各业，有不同的兴趣爱好，通过与他们交谈，他可以发现新的商机。

尽管我不会为了多和陌生人接触而故意多绕几站，但我也与路上遇到的陌生人交谈，而且总能从中学到新东西。

不久前，我出差到夏威夷，在回来的班机上，遇到一位男士。他叫拉维斯·斯瑞克尔，是旧金山Obscura Digital公司的创始人，他能利用投影和三维成像等技术把精妙绝伦的多媒体视觉盛宴带到任何地方，如古根海姆博物馆的外墙和川普大楼。刚好我下周就要讲怎样通过空间设计提高创意思维，因此我邀请他到课堂上给学生讲讲他的经历。拉维斯·斯瑞克尔愉快地答应了。他公司的办公室被评为2011年全球最酷办公室，在课堂上，他给学生讲了他们的办公室是怎样设计出来的。如果在班机上我没有和他交谈，没有发现我们的共通之处，他也就不会出现在我的课堂上。

像Twitter这种创新型公司特别清楚多样化、创新型员工对企业发展的重要性，因此他们尽可能录用多才多艺的顶尖员工。负责企业文化的伊丽莎白·韦伊说，随便从公司里抽出一部分人，你就会发现他们曾是摇滚明星、魔方大赛冠军、世界级职业自行车手或职业魔术师。据伊丽莎白·韦伊讲，Twitter录用员工的原则是确保所录用员工不仅本专业技能突出，还要对其他专业有浓厚的兴趣。正是因为清楚这一点，Twitter的员工们不会浪费在电梯里、午餐时和走廊上与其他员工交流的机会。发现其他员工与自己有共同爱好后，员工关系就变得更亲密，交谈更加自然，绝妙的创意往往就在这样的交谈中诞生了。

伊丽莎白·韦伊本人就是个很好的例子。她是一位超级马拉松运动员、专业设计师，还曾做过风险投资家。尽管她在Twitter的日常工作涉及不到这些，但必然会影响她的工作风格，比如，伊丽莎白营造的企业文化就充满艺术气息。每当有新员工加入的时候，她都要送上一张精美的欢迎卡片。这张卡片是她亲自设计，亲自涂色，而且是用一台1923年生产的凸版印刷机印出来的。

优秀的科研成果源于创新，源于研究者看到了表面上不相关的事物间存在的内在联系，这也是成为优秀科研工作者的必备条件。斯坦福大学国际安全与合作中心主任米歇尔·巴里为了根除发展中国家面临的常见疾病，长期待在发展中国家，深入研究引起这些疾病的根本原因。孟加拉国的孕妇很容易患上妊娠高血压，米歇尔·巴里曾和当地的研究人员一起探究引起这种疾病的原因，但结果并不令人满意。现在，她和她的同事认为高患病率可能与当地日益上升的海平面有关。海平面上升，内陆下沉，海水开始渗入到稻田中，从而使大米中盐的含量增高。由于孕妇生理上的特殊变化容易引起体内钠离子浓度过高，再加上食物中盐含量的增高，这就增大了孕妇患妊娠高血压的概率。这个例子就是将两个似乎不相关的因素——全球变暖和公共健康——联系起来的。

加利福尼亚大学伯克利分校的罗伯特·兰和加里·奎泰德过去一直在加利福尼亚州北部从事莱姆病（由扁虱叮咬而出现麻疹、发烧等症状的一种传染性疾病）的研究。当时有一个未解之谜，就是旧金山湾的部分地区感染莱姆病的概率很低，尽管这些地区的扁虱（莱姆病病原体携带者）并不比其他地区少。经过对当地环境的认真调查，罗伯特·兰和加里·奎泰德发现，在这些地区生活着比扁虱数量更多的蜥蜴，而且这些蜥蜴对莱姆病都有免疫力。因此，如果一只扁虱吸了蜥蜴的血，它体内的莱姆病病原体就会被杀死。而被这个扁虱咬过的人就不会再感染莱姆病。正是两位科学家看到了扁虱和蜥蜴之间的关系，才有了这个重大的发现。

只要用心观察，就可以在很多看上去互不相关的事物之间找到联系。InCube公司（成立于1995年，是一个创新医疗器材开发平台）主席米尔·伊姆兰正是从科学文献、自身经验和患者、医师身上获得灵感，不断研发出新型医疗器材的。2000年，他被确诊患上了格林—巴利综合征。格林—巴利综合征是一种人体免疫系统攻击自身部分外周神经系统的疾病，患者会出现肌无力、肌萎缩症状。米尔·伊姆兰曾有好几个月都处于四肢瘫痪的状态，不能支配自己的身体。8年后，他的母亲被诊断出患上卵巢癌。

虽然米尔·伊姆兰并不从事癌症治疗的研究，但他还是情不自禁地把格林—巴利综合征和卵巢癌联系起来。格林—巴利综合征的特点就是体内的免疫系统攻击自身组织，那能不能让免疫系统去攻击体内的癌细胞呢？

在别人的帮助下，他开始研究一种新的癌症治疗方法。首先从癌症患者体内取出一些癌细胞，培养出不被患者机体排斥的病原体，然后把这些病原体植入患者体内，唤醒体内的免疫系统，最终杀死体内的癌细胞。米尔·伊姆兰正是把自身经历和母亲的疾病结合在一起，发现了它们之间的内在联系，从而提出不同的癌症治疗方法。至于这种新的方法效果如何，我们拭目以待。

在类推法中寻找解决方案

从日常生活出发，经过类推，往往就可以发现事物之间的共性，找到问题的解决方法。有4个小孩的罗里·麦克唐纳正是利用这种方法来研究同一行业中不同企业之间的关系的。经过类推分析，他发现同行企业之间相互作用，与小孩在一起玩耍时的表现是一致的。比如，两个或两个以上的小孩在一起玩同样的或相似的玩具时，他们不会主动干涉对方，但会被对方的行为影响，相互模仿。比如，在玩积木时，如果一个小孩子建了一座城堡，很可能其他孩子也建城堡；如果一个小孩在城堡旁边加了一座塔，别的孩子也会跟着这么做。同行企业也是这样，彼此竞争，彼此模仿。

与此类似，莱拉·博格迪特斯基和保罗·锡伯杜在研究都市犯罪时也利用了类推的方法。他们最近的研究成果称“我们解决都市犯罪的方法取决于我们怎样看待它”。如果我们认为都市犯罪是病毒，那就要进行社会改革，修改目前的法律法规；如果我们认为它是魔鬼，那只需解决犯罪个体的问题就可以了。不同的类推会带来不同的解决方案，比如，把都市犯罪看成是带进房间的泥或有害的化学反应，那么相应的解决方法肯定是不同的。

寻找不同的人、事物或者已有认识之间的关系，会极大地丰富我们的想象力。学会进行类推，多和陌生人交流，我们会超越已有的想法，从而使大脑的创造性思维得到锻炼，轻松实现创意。

第三课

头脑风暴法

创意力

人们往往只想出一个办法就停止思考

我曾在课堂上要求学生们不准说话，在规定的时间内按生日大小排成一排。一开始，学生们都露出“不可能”的惊讶表情。几秒钟后，有人站起来借手势表示自己是几月出生的，其他人便纷纷效仿，相信他们找到了不用说话就能完成任务的办法，很快就有人站好了。

还剩一分钟时，我提醒他们抓紧时间。学生们终于在规定时间内完成任务，但我检查时发现很多人都站错位置了。我问学生们为什么这么多人站错地方。有人回答，刚开始他们觉得根本无处下手，后来看到别人用手势传递信息，他们也跟着做。

我提醒他们：“还有没有更好、更简单的方法呢？”很快，有人提议可以把自己的生日写到纸上，因为我只规定不能说话，并没有要求不能写字。

实际上，除了借用手势外，还有很多好方法可用，比如，驾驶证上都写着出生日期，可以把驾驶证拿出来；一个人主动出来，指导大家找到各自的位置；在地上画道时间线，各自找自己的位置；或者把自己的生日唱出来，因为我并没有规定不准唱歌。

有趣的是，不同年龄、不同文化背景的人做这个游戏时，结果都是惊人地相似。这种现象说明了一个事实：大多数人在解决问题时，只要想出一个方法，就停止思考，尽管可能还有其他更好的方法。第一个并不总是最好的，但很多人就此停步，白白放弃了创新的机会。

Think资本公司的合伙创始人蒂姆·哈德逊在他的书《不换思想就换人》中也提到了这点。

在他看来，解决问题有三种境界：

第一种境界是轻易满足于已找到的解决方法，就此停步；

第二种境界是继续探索，直到找到更好、仍欠创意的方法；

第三种境界是不懈努力，直到发现新颖、高效的解决方案，这是最高也最难达到的境界。

蒂姆·哈德逊的“境界”比喻很贴切，准确地把握住了不同解决方法的特点，但我更喜欢“浪峰”的比喻，同一问题的不同解决方法好比海里的一个个浪峰。优秀的冲浪者一直在浪峰之间沉浮，是为了等待更好的海浪。同样，要想找到最有效、最具创新性的解决方法，就不能满足于浅显的答案，要提出不同的想法，从中筛选出理想答案。

阿利赫舒列尔的TRIZ快速创新体系

有没有系统的方法可以帮助我们实现快速创新呢？这已是个老生常谈的话题了。19世纪50年代，苏联发明家阿利赫舒列尔提出“发明问题的解决理论”，其俄文的罗马注音为“Teoriya Resheniya Izobretatelskikh Zadatch”，缩写为“TRIZ”。TRIZ是一个由解决技术，实现创新开发的各种方法、算法组成的综合理论体系。在《创造是一门精密的科学》一书中，阿利赫舒列尔列举了40条创新原理。后来，这40条原理经他人补充完善，扩展到85条，被称为“发明问题解决算法（ARIZ，Algorithm for Inventive Problem Solving）”。TRIZ和ARIZ都是为了帮助我们系统全面地分析问题，发现问题的本质或者矛盾，综合各种可能，快速提升我们的创新能力。

《彭博商业周刊》刊登过的一篇文章中曾提到TRIZ可以广泛应用于各个领域，美国的很多企业特别是大企业，如波音、惠普、IBM、摩托罗拉、雷神、施乐等，在新产品的开发过程中都运用了TRIZ理论。下面的这个例子就节选自这篇文章：

圣地亚哥奥特加公司是一个成功应用TRIZ进行产品创新的企业。在2004年，奥特加公司设计了一种新型的一次性自动加热容器，这个容器可以用来盛汤、咖啡、茶或婴儿奶粉。目前已获得该技术许可的公司品牌有沃尔夫冈·派克咖啡和半山咖啡。

要设计出坚固、便携的一次性自动加热容器，圣地亚哥奥特加公司的产品研发人员必须攻克400多项技术、工程方面的难题，才能确保这个容器既可以加热食品，又能经受住加热时的化学反应。研发团队先从

TRIZ理论提出的39个通用参数中识别出那些实用的参数，然后从40个创新原理的列表中找到了解决方案。

例如，在矛盾矩阵中，研发人员在第一个列表中选出第十七条“温度”，在第二个列表中选出第三十条“使用复合材料”。就这样，以TRIZ的矛盾矩阵表作为跳板，研发人员很快找到了一种由陶瓷和碳纤维组成的复合材料，这种材料既耐用又导热迅速。很快，一种全新的产品——Presto诞生了。

积极情感体验提升想象力

与TRIZ理论不同，有人主张在积极的情感体验中提升想象力。北爱尔兰贝尔法斯特皇后大学客座教授阿利斯泰尔·费在给企业管理人员授课时，为了训练他们的想象力，常常让他们写诗。刚开始，这些擅长逻辑分析的学员显得很拘谨，不知从何处入手，因为写诗要求丰富的情感和想象力，而这恰恰是他们平时工作中所涉及不到的。但关键就在这里！很快，他们就能从自己的情感世界中获得创作灵感，学会了跳出理性逻辑，依靠情感逻辑认识事物。对于诗歌而言，意象组合的方式不同，带给人的视觉效果和想象空间也不同。因此，通过写诗，这些管理人员明白了一个道理：遇到问题时，可供选择的解决方案有很多种，不能轻易满足于已有的浅显答案。他们用它来指导日常工作，在碰到管理难题时，很快就能找到不同的解决办法。

除了写诗之外，阿利斯泰尔·费还借助音乐来启发学员。他让学员们挑选一段能让他们产生共鸣的音乐，然后为这段音乐制作一个视频，这就要求学员们打开自己的情感世界，充分发挥想象力。最后，就连最内向、被认为最无创新精神的学员都漂亮地完成了任务。

启动“头脑风暴”开发创意思维

不管是阿利赫舒列尔的TRIZ理论还是阿利斯泰尔·费教授的情感体验法，都证明了追求深层创新的方法不止一种。其中有些方法已经久经验证，屡获好评，比如我极力推荐的“头脑风暴法”（又称智力激励法）。头脑风暴法是一种集体开发创造性思维的方法，就是让一群人聚在一起，围绕特定的话题，自由地思考，大胆地提出各种想法，然后在他们观点的基础上建立新观点。如果运用得当，头脑风暴法可以帮你快速跳过浅显答案，迅速找到高效、富有创造性的解决方法。亚历克斯·奥斯本是头脑风暴法的创始人，他在1953年出版的《应用想象学》一书中首次正式提到这个概念，此后便风靡全球。书中列举了一系列开展头脑风暴时需要注意的原则，其中4点尤为重要：延迟评判、追求数量、禁止批评和整合想法。

遗憾的是，很多人并没让头脑风暴法的优势完全发挥出来，他们把开展头脑风暴和普通的谈话混为一谈。在他们看来，头脑风暴会议不过就是把一帮人聚集起来，然后就某个话题让他们发表自己的看法。这就大错特错了，要想完全利用头脑风暴法的优势并非易事，需要遵循许多原则，而这些原则经过后天培养才能掌握。比如，当他人提出一个在你看来很蠢的想法，出于本能你会立马反驳，或者当你想到了一个自认为很不错的方案时，你很可能放弃继续寻求更好方案的愿望。但头脑风暴法恰恰要求你对抗本能，克制住冲动。这听起来很难，但是要想有创新性突破，就必须掌握这些原则。

下面的一些指导方针，是开展头脑风暴法时需要注意的事项。这些注意事项都参考了美国著名设计公司IDEO的总经理汤姆·凯利的《创新的艺术》一书。你会发现，在这些指导方针的帮助下，团队提出多样化、创新性想法的能力越来越高。关于如何高效地开展头脑风暴法，不同的人有不同的认识。我希望你能从别人那里吸取经验，结合自己的切身经历，形成一套属于你自己的指导方针。

头脑风暴指南

开展头脑风暴时，对会场有什么要求?

头脑风暴好比舞蹈，要想跳舞必须有宽敞的场地，同样，开展头脑风暴，要保证会场必须满足以下几点要求：

第一点，要确保与会者能在会场自由地走动和站立。这点很重要，站着讨论，参与者的积极性更高，精力也更充沛，会议开展更顺利。

第二点，确保把与会者的每一个设想，不论好坏都完整地记录下来。最常见的是把想法记到白色书写板或翻页纸上，也可以把四面墙都贴上新闻用纸，或把各自的想法写在便利贴上，贴在周围的玻璃窗上，会议结束时，整排的玻璃窗上都是五颜六色的便利贴。请记住，记录想法的地方越大，与会者提出的想法就越多。

对与会者有什么要求?

确定与会人选特别重要，不是随便什么人都可以参加头脑风暴会的。通常有两个要求：

第一点，与会者应对谈论的内容有各自独到的见解。请记住，最终做决定的人不是这些参加头脑风暴会的人。这一点格外重要，我愿意再重复一遍：与会者只是提出自己的观点，不参与最后的决策。

比如说你现在要设计一款新型的汽车，那么你要邀请的与会者可能是汽车设计师、汽车用户、汽车销售人员、汽车修理师或停车场的服务员。这些人不负责最终的决策，但他们的意见极具价值。全球领先商业创新咨询公司IDEO的丹尼斯·博伊尔讲，如果能参加头脑风暴会，那将是他的荣耀。这个例子说明了与会者的设想是多么重要，因此，如果你有幸被邀参加头脑风暴会时，一定要与他人交流你的想法。

第二点，将与会者人数控制在一定范围内。如果与会者人数太多，不可避免会有雷同的想法出现，从而延长会议时间，降低会议效率。

几年前，我听说Facebook有条“双比萨团队”原则。“双比萨团队”，就是说让团队人数保持在两个比萨能让全体队员吃饱的规模，这时团队里的每个成员都能做出显著的贡献，团队效率最高；一旦超过了这个规模，就要被拆成两个小团队。一般情况下，将队员人数控制在6～8名为宜。

选什么样的议题？

选择一个合适的议题至关重要。如果议题过大、过于笼统，如“怎样解决全球饥饿问题”，会让人无处入手；如果议题太窄、深度不够，如“早餐吃什么”，就没有什么发挥的余地，因此要选择深度适宜的话题。在第一课中，我们提到问题不同，答案随之不同，好的议题让与会者有充分的想象空间，同时又未超出团队的能力范围，不会让他们感觉力不从心。通常，新颖的或带点挑战性的议题最适合，如迈克要过生日了，你可能会问“我们给迈克送什么礼物好呢”，也可能问“怎样才能让迈克觉得这次生日最难忘、最有趣”，后一个问题当然比前一个问题更有创新空间。只要改变下提问方式，思考方向和回答内容就会随之改变。

除了确保有足够的记录空间，对会场还有其他要求吗？

会场不仅要有书写板、新闻用纸、便利贴等记录工具，最好还有与议题有关的其他小物件，这会激发与会者的想象力，帮助他们更好地思考。比如，现在要设计一款新型的钢笔，你可以把各种书写工具、有趣的小配件或玩具放在会场里，并且确保每位与会者都能拿到纸张和书签；此外，还可以把尺子、剪刀、纸板、胶布等放到会场里。不要小看这些东西，与会者可以把它们拿来搭建模型。大多数人需要借助模型来刺激大脑进行思考，与会者可以直接拿这些用具搭建模型。

在交流过程中，直观的立体模型远比语言和平面图画更能帮助人思考。

会前需要做哪些准备？

由于头脑风暴要求与会者自由充分地展开想象，而任何设想并无好坏之分，可是日常工作中的任何事情都强调要有明确的目的性，这两者有很大的不同，因此要想快速跳出惯性思维的桎梏并非易事。在头脑风暴会议正式开始前，做一些创造力小游戏，给想象力热身，尤为重要。有各种各样的热身运动，如共同写一首诗，或玩疯狂填词游戏——疯狂填词游戏是指在一个写得差不多的故事的基础上，选择名词、动词、形容词填写到故事中的空白处，使故事完整，但我更喜欢以下两种游戏：第一种是给与会者每人一张卡片，上面往往写着一个很长的单词，如“entrepreneurship”，然后在5分钟的时间内，用这个单词里包含的字母尽可能造更多的词；第二种是拿一个听起来很蠢的话题让与会者讨论，如“假设我们没有耳朵，那么眼镜会是什么样子”。尽管刚开始与会者可能会不习惯，但所有这些热身游戏都是为了激活他们的想象力，为后面正式的头脑风暴做准备，这一点特别重要。

会议要遵循什么原则吗?

为了达到较高效率，开展头脑风暴法时必须严格遵守一些原则，其中有一点尤为重要：“任何设想都无好坏之分。”也就是说，禁止批评他人的想法，不管这想法看来是多么幼稚、错误，甚至荒诞离奇。一方面，与会者的任务是从他人的设想中得到启示，或补充他人的设想，或将他人的若干设想综合起来提出新的设想。另一方面，举行头脑风暴会议，是为了开阔思路、激发灵感，而不是评估某个想法的好坏。要想理解“头脑风暴法”的精髓，就必须把“探索”与“开发”区分开，才能避免过早否定他人的设想。“探索”指想象力得到充分发挥，提出各种各样的设想，不负责最终的决策；“开发”指围绕一定的资源展开想象，不能超越了资源的限制，而且负责最后的决策部分。头脑风暴会议强调“探索”，但要做到这点并不容易，因为大多数人在他人提出想法后，就本能地急于评价。但如果不能克制住批判他人想法的冲动，即使其他方面准备得再好，头脑风暴会议也不会有什么成效。

第二点是鼓励与会者任意想象、自由畅谈，提出的想法越多越好。假如现在要你想出500种不同口味的冰激凌，当想出300种时，你就开始进入创新阶段，后面200种的口味会比前面的300种更新颖、更有趣。想法如同种子，每粒种子都有可能长成参天大树，每个想法都有可能带来创新。如果想收获最好的果实，就必须播下大片的种子，如果想找到最新颖、最成功的想法，就必须有大量的想法可供选择。

尤其是要鼓励新奇甚至荒诞的想法。在我的书《真希望我20几岁就知道的事》里，提到在一次头脑风暴会上，我要求学生说出在他们看来什么事最糟糕。讨论这个议题时，学生们不再担心别人会轻易地去评判他们的想法，从而打开了想象的大门，提出了很多在其他场合下想不到的点子。记住，往往那些看起来最疯狂的想法，换个角度再看时，就变成了最新颖、最有趣的点子。

会议过程中需要注意什么？

一旦准备好了会议场地、确定了与会人选、明确了议题、牢记了会议原则，剩下的就是确保会议顺利进行。要使会议高效进行，需要做到以下几点：

第一点，让与会者依次轮流提出自己的设想，不要几个人同时发言。

第二点，在整个会议过程中，鼓励大家努力从不同的角度看问题，提出新颖的想法。要达到这个目的，主动引导与会者把那些大家都能立马想到的点子撇开，寻找别人不易发现的创意。比如，现在要解决城市停车位严重不足的问题，大家很容易想到的是增加停车位。一旦抛开这个尽人皆知的解决方案，发挥想象，就会有更多不同的点子诞生。

第三点，多提出些具有挑战性或出人意料的想法，帮助与会者打开思路。比如，现在要设计一个运动场，你可以提议大家想象一下月球上和地下的运动场、一百年前和一百年后的运动场、小孩和残疾人设计的运动场、耗资一美元和百万美元的运动场各是什么样子，或者让大家设想下什么样的运动场最危险。有研究表明，只要将身体和精神跳出眼前的圈子，离开得越远，想象力越活跃，想出的点子就越多。

最后一点，把握住会议节奏，鼓励与会者对他人的观点进行拓展和发挥，从而在想法的碰撞中产生新的火花。好的头脑风暴会犹如精彩的舞蹈，有自己的节奏。当一个与会者提出某个想法，大家会在它的基础上展开联想，从而又有新想法诞生。我们可以把这种特殊的舞蹈叫作“联想，联想，联想，创新”。为了更好地做到这一点，可以用简短的语言把想法都写下来，就像新闻标题一样，它们能快速地告诉我们每个想法的内容，便于发挥想象，展开联想。

哪些工具或方法可以更好地捕捉住转瞬即逝的想法?

在前面的会场准备部分，我们已经知道要借助写字板等工具来记录想法了，这里进一步做些补充。

首先，要确保每人都有笔和纸。

这样做有以下几个好处：

第一，避免了有些想法被漏记，如果有专门的记录员，记录员可能会根据自己的喜好来筛选想法；

第二，方便与会者随时记录下自己的想法，这样当轮到他发言时，他已经知道该怎样表达，从而节省了会议时间。

其次，如果条件允许，可以使用便利贴。

与写字板或其他记录工具相比，它有以下优势：

第一，当与会者把想法写到便利贴上时，只要条件允许，他可以随时把便利贴贴到指定的位置；

第二，由于便利贴面积较小，就要求与会者尽可能简约地归纳自己的想法，避免了把大把时间浪费在烦琐的细节描述上；

第三，有了便利贴，整理思路时，更容易把想法归类。

还有一种可以随时开展头脑风暴，帮助人们快速厘清思路的工具——思维导图。思维导图是由英国著名心理学家东尼·巴赞于19世纪60年代发明的一种思维工具。与传统的思维工具不同，整个导图呈放射状，图文并茂，文字颜色多样，重点突出，有清晰的层次，使各个主题之间的关系一览无余。比如，现在利用思维导图帮你分析一本悬疑小说里的某个阴谋。首先，把小说的名字放到整个导图的中央，作为导图的中心（第一级中心），再把相关的人物、场景、情节和历史背景等因素围绕这个中心排开；每个因素又是一个新的中心（第二级中心），以它们为中心又可以形成其他中心（第三级中心），以此类推。随便在一个搜索引擎里面输入“思维导图”，就会弹出无数张图片，它们都可以作为模型拿来为你所用。比如，下页这幅思维导图就是思维导图艺术网站（该网站主要展示世界各地艺术性和创新性并存的思维导图）的创始人保罗·福尔曼手绘的。

每次会议应该持续多长时间?

因为没有人能连续一个多小时处于精神高度集中的状态，因此把握好讨论时间就显得很重要。到底会议时间长点好还是短点好，并没有统一的标准，取决于当时的具体情况，前提是保证与会者能畅所欲言，又不会有疲劳感。如果所有的与会者彼此之间已经非常熟悉，那么10分钟到15分

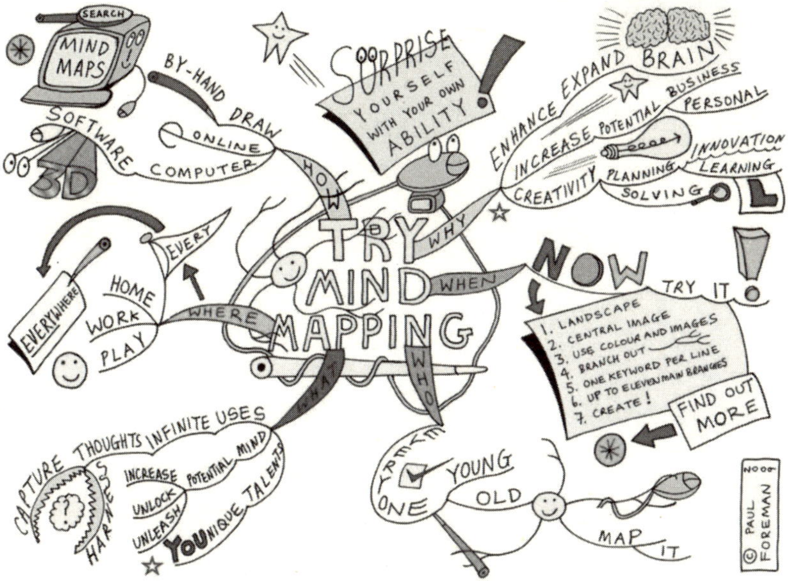

钟的讨论就可以取得很好的效果，但有时会议也会持续45分钟到60分钟。经验表明，创造性较强的设想一般要在会议开始10分钟到15分钟后逐渐产生。因此倘若需要更长时间，就应把议题分解成几个小问题分别进行专题讨论。

一般情况下，会议应该在头脑风暴高峰时结束，让每个人对下次的会议充满期待。事实上，很少有比参加头脑风暴会议更有趣的事了。在会议上，看到自己的想法被他人接受、汲取，每个人都会感觉精力充沛；会议结束时，看到墙上到处贴着便利贴或图画，办公桌上摆满了各式各样的模型，每个人内心都会充满成就感。

怎样处理会议中记录下来的设想?

通过头脑风暴会议，大量与议题有关的设想会产生。但至此任务也只完成了一半，更重要的是对已收获的设想进行整理分析，以便选出有价值的创造性设想来加以开发实施，这有时也是整个会议中最难的一部分。

前面已经讲到负责提供设想的与会者并不是最后的决策者，但可以让他们为各种设想投票。比如，让他们在自认为最有价值的设想旁边画一颗红星，在最具实用性的想法旁边画一颗蓝星，在最节省成本的想法旁边画一颗绿星；在处理设想时，决策者可以参考他们的投票结果。这样不仅给与会者提供了一个表达观点的机会，也能帮助决策者更客观地做决定。

现在只剩下一件事了——用相机、记事本等设备把会议中提出的设想保存下来。这些设想都是头脑风暴会议的成果，是与会人员想象力的结晶。决策者从中挑选出自认为最有价值、最值得开发的设想，将其保存下来，方便日后随时翻阅。因为随着时间的推移，现在看来不具实用性的设想很可能在未来很有前景。

到现在为止，我们已经熟悉了头脑风暴会议的基本流程及注意事项，下面来看一个实例。今年3月份，斯坦福成立了国家工科创新培训中心，我担任中心主任。该中心主要为全美工程院校的大学生服务，希望通过一系列培训，激发学生的创业潜能，将他们培养成能够为人类经济发展和社会繁荣服务的大胆创新者。在培训中心正式成立之前，我们曾召开了一次头脑风暴会议，探讨怎样才能使培训中心发挥最大作用。会议召开之前，我用了几个小时来做准备工作——想出一个适当的热身活动，设计好要讨论的议题，把能激发想象的小物件备齐，选好会议场地，联系好合适的与会者。

会议正式开始后，我先提出一个相对宽泛的问题：“怎样才能把这里建成最有影响力的培训中心？”然后一直引导着大家发散思维、自由联想，如我会问“假如我们的服务对象不是二十几岁的大学生，而是五六岁的小孩”或“假如我们可用的资金只有一千万，而不是一亿”。每隔10分钟，我们就换到另一个相关的议题上——怎样奖励参与活动的同学，怎样布置会场或怎样处理网络资源，等等。通过围绕几个相关的小问题分批展开讨论，我们就对国家工科创新培训中心建设中需要考虑的学生年龄、建设资金等因素有了深入了解。

我们很快收获了许多设想，当然其中也有比较极端的想法，像“拥有一架培训中心专属的私人飞机”，但大多数的设想都很有参考价值。比如，在国家工科创新培训中心的四面墙上装上电脑显示器，上面是各个知名高校的实况转播；开一个礼品店，当有参观者时，就送他一个礼品；或往中心的网站上传一些讲述杰出创新者的视频；等等。当会议结束时，办公室的玻璃窗上已经贴满了上百张五颜六色的便利贴。

运用得当的话，头脑风暴法可以完全打开想象力的大门，让思维自由驰骋，让富有创新的想法层出不穷。但要想掌握这种方法并非易事，需要不断练习，练得越多，操作就越熟练。

第四课

细致观察寻找机会

创意力

练就一双“慧眼”，发现隐藏的机遇

英国赫特福德大学的心理学家理查德·威斯曼为了探究性格与运气的关系，曾经做过一个实验。他把精心挑选的实验对象分为两组，一组自认为是生活的幸运儿，而另一组总感觉自己是十足的倒霉蛋。实验人员给每位实验对象一张完全相同的报纸，要求他们数一数报纸里共有多少张图片。

实验结果很有意思，那些自认为是生活的幸运儿的人在几秒钟内就完成了任务，并且没有一个人出错；但那些自称是十足的倒霉蛋的人却花了几分钟，而且大多数人还是数错了。为什么会有这么大差别呢?

原来，实验用的册子是经过精心设计的，里面有两处醒目的提示。

第一处在封面的内页，用5厘米大小的字写着一句话：“别数了，这里共有43张图片。”但只有“幸运儿”们注意到了这句话，几秒钟就完成了任务，“倒霉蛋”们却只顾着埋头数数。

第二处是在册子中间，用同样大小的字写着：“别数了。告诉实验人员你看到了这句话，你就能赢得250美元。”

可惜，没有一个人赢得250美元。

这个实验充分说明了两点：

第一点，不同的人观察世界的方式不同。有的人对周围的一切充满好奇，东张西望；有的人却只顾埋头老老实实地干活。

第二点，无视周围环境，往往会错失良机。生活中处处都蕴藏着机遇，关键在于你是否具有敏锐的观察力和强烈的好奇心。

我的同事迈克·巴里和安妮·弗莱彻在斯坦福哈索·普拉特纳设计学院教授“寻找需求”课。开设这个课程的目的是培养学生的观察力，指导他们通过观察生活，发现潜在的市场需求，找到新的创业商机。在第一节课上，他们给学生讲了小说家大卫·福斯特·华莱士写的一个寓言故事：

有两条小鱼在一起游泳，一天它们碰巧遇到了一条老鱼。老鱼向它们点头，说：“早上好，孩子们。水怎么样？”这两条小鱼继续往前游，其中一条小鱼实在忍不住了，问另一条小鱼：“水是什么东西？”

这个寓言故事告诉我们：我们就像故事里的小鱼，总是无视生活中真正重要的东西，不知“水”为何物。迈克和安妮用10周的时间指导学生怎样通过深入观察生活，发现无限商机。

最近我参加了迈克主持的为期一周的研讨会。研讨会上，迈克·巴里让学生们认真回想一下他们自己和身边朋友们的恋爱经历，然后罗列出恋爱中会出现的各种问题，并找到解决方法。在迈克·巴里的指导下，学生们发现，好多恋爱问题是他们以前从未认真思考过的。比如，他们发现有的夫妇双方都很忙，抽不出时间偶尔给对方制造一个小惊喜，渐渐地，他们的感情生活变得单调乏味；有的恋情已经名存实亡，但苦于找不到合适的分手理由。为了解决第一个情感问题，一个小组的解决方案是成立一家情感咨询中心，专门给生活毫无情趣的夫妇量身定做一次短程旅行。另一个小组参考分手指南设计了一些方法，帮助那些不幸福的恋情顺利地结束。通过这次研讨会，学生们学会了深入观察身边的小事，寻找创新的机会。

想要善于发现潜藏在身边的机遇，就必须培养敏锐的观察力，练就一双“慧眼”。史蒂夫·布兰克就是个很好的例子。他是一位成功的连续创业者，在8家公司工作过，每到一个新公司，无人不佩服史蒂夫·布兰克强大的创新能力和大胆的冒险精神。对此，他总是笑着说：“其实我一点也不比别人聪明。之所以比其他人做得好，是因为我特别善于观察。我发现，一个人越善于观察，收集到的有用信息就越多，也越容易想到解决办法，干起事来也更大胆。敏锐的观察力真的很重要。”

1988年，史蒂夫被派到一家电脑显卡生产公司Super Mac。当时，公司刚刚走出破产危机，市场份额仅在10%左右，远远低于其他两家竞争对手的市场占有量。到公司之后，史蒂夫看到一大堆产品注册卡凌乱地堆放在休息室的一个角落里。原来大家都忙着干自己的事，没时间去处理这些注册卡，年复一年，就越堆越多。史蒂夫随手翻看了一些注册卡，很快就意识到它们包含很多极有价值的信息。

史蒂夫从里面找出300张最近刚收到的注册卡，按上面留下的联系方式，开始逐个给顾客打电话。电话接通后，他请顾客回答一些问题，如他们从事什么行业，显卡使用起来是否方便，显卡的最大优点是什么，哪里需要做进一步改进，以及什么样的价位最合理。300个电话打下来，史蒂夫搜集了大量有用的信息。经过对这些信息的认真分析，史蒂夫重新定位产品，更换产品广告，改进生产线，提升品牌内在价值和综合竞争力。在很短的时间内，Super Mac的市场份额就由11%提升到70%，超过了其他竞争对手，成为行业内的领军企业。假如史蒂夫看到那堆注册卡后也视而不见，就不会有后来的成功。史蒂夫最大的特点是不轻易忽视任何一个细节。正是这一点，让他成为一般人无法超越的对象。

另一个实例是关于大卫·弗莱德伯格的。

大卫·弗莱德伯格是天气意外保险公司的创始人，也是谷歌公司的前产品经理。还在谷歌的时候，大卫·弗莱德伯格每天开车去上班时都要经过一家小型的自行车租赁店。后来他发现，只要一下雨，这家店就会关门。这让他想到很多地方，像农场、剧院、滑雪场等，都会受到天气的影响。于是，大卫决定从谷歌辞职，开一家天气意外保险公司，并取得了很大的成功。假如大卫在开车上班时不去观察路边的环境，对自行车租赁店一下雨就关门这个现象熟视无睹，那么天气意外保险公司就不会诞生。

保持对周围环境的高度敏感

孩提时，我们对什么都好奇，对什么事情都想弄清楚；后来我们长大了，却忘记了去观察一下身边的世界。我们自认为对这个世界早已非常熟悉了，世界在我们面前已透明得像块玻璃，哪里还有什么值得认真观察的事情。于是，我们学会了熟视无睹。全球最大的掌上电脑制造商Palm的创始人、掌上电脑PalmPilot的发明者、HandSpring公司的合作创始人杰夫·霍金，在他的《人工智能的未来》一书中，提到大脑的“模式识别”功能。我们把环境与客体统称为“模式”，模式识别是人类的一项基本智能，是成功解决问题的最有力、最重要的机制。如果没有模式识别，我们就不得不重新认识每个对象、每个事物和问题，也无法用先前的经验来解决问题。但是，在遇到新事物或新环境时，如果我们完全依赖模式识别能力，大脑在模式识别的作用下就会自动将以往的认识一味地附加到新事物或者新环境上，导致我们看不到新事物或新环境的特点。因此，要想避免模式识别的弊端，就必须对新事物或新环境保持足够的敏感，多观察，多注意。

但要时刻保持对周围环境的敏感并不容易，尤其是当我们正在做一些自认为轻车熟路的事的时候。比如，在每天都要走的路上开车或散步时，我们往往不由自主地忽略身边的人和物，把视野只限定在眼前的一片范围，不去关注旁边更开阔的风景。还有，我们总是只关注那些我们期望关注的事，忽视那些不合我们口味的事。

就拿我来说，不久前我在家附近的一个杂货店买完东西排队付钱时，无意中抬头看了一眼天花板，才发现这家店的天花板装饰得好漂亮。整个天花板就是一幅完美的乡村景象：木制横梁上刻满了成群的鸡鸭牛羊，上面还悬挂着一大捆一大捆的干草。然后我问收银员天花板是不是刚刚装修的，他笑着说："几年前店开张时就是这样了。"

我儿子乔什对周围事物的观察力就比我强多了。一直以来，我的父亲总喜欢用做游戏的方式提醒孩子们留意身边的环境，培养他们的观察力。每到一个新地方，我父亲总让乔什和他的表哥亚当和诺亚闭上眼睛，然后对他们提问题，如房间总共有几扇窗户、几扇门，天花板上装了几盏灯，等等。孩子们喜欢这个游戏，为了能回答正确我父亲的问题，每到一个地方他们都会特别留意周围的环境。

我们总是自认为对周围环境已了解得一清二楚，对眼前的事情已看得明明白白。其实不然，我们的注意力太容易被干扰了，任何一件小事，哪怕是一段不错的故事、一则小笑话，或别人的一个手势，都能让我们把注意力转移到这些小事上。魔术师正是利用了这点，娴熟地操纵了我们的注意力，才使我们惊叹于他们的"超自然能力"。魔术表演成功与否，很大程度上取决于魔术师是否能巧妙地转移我们的注意力。比如，魔术师把6张牌正面朝上放在桌面上，然后闭上眼睛，让你从中任选一张，但不准拿走，只在心里默念你选的那张牌的数字。他告诉你，他可以读懂你的大脑，知道你选的是哪张牌。他把桌上的6张牌拿起来，一张张认真看过后，再放回桌面时，就只有5张了。然后他说被你选中的那张牌已经消失了，所剩的5张牌中真的没有你选的那张。这到底是怎么办到的？

其实，只要你的注意力足够集中，认真观察的话，就不难发现魔术师放回去的5张牌已不是之前摆在桌面供你挑选的牌了。他根本不在意你选哪张牌，因为他知道当你全身心在想自己选中的那张牌时，是不会注意到其他5张牌和你所选那张牌之间的细微区别的，如红心K和方块K、黑桃Q和梅花Q，在你看来都一样。魔术师正是充分利用了人类注意力易被转移的特点，才让东西在我们眼前“凭空消失”，才让我们相信他把人砍成“两半”，才让我们羡慕他“突然”从帽子里拿出兔子。

魔术师专门把我们的注意力从眼前的事情上引开，幽默大师则特意把我们的注意力引到容易被我们忽略的事情上。停车、刷牙、排队这些对我们来说早已毫无一点吸引力的事，在幽默大师的引导下，展示出它们有趣的另一面，常常会让我们捧腹大笑。著名的喜剧明星杰瑞·宋飞正是以善于发现生活琐事中的乐趣而闻名的。如下面这则小幽默：

我（杰瑞·宋飞）超级讨厌等候室，因为它的名字叫“等候室”，这意味着待在里面的时候，你根本没有机会逃掉漫长的等候。建造它就是为了让你在里面等着，甚至它的设计也是为了这点。既然已经建起来了，为什么不让你在里面多等一会儿呢，不然不是浪费资源嘛！

你假装在看杂志，其实是在偷偷地观察别人。终于轮到你了，你心里可能在想，这下终于可以见到医生了。你错了，你只不过来到了一间更小的等候室。更糟糕的是，这里连杂志也没有，你还必须脱掉裤子等着医生的到来。

细致的观察力虽并不容易养成，但仍可以通过不断的练习得到。每年由非营利性民间环保组织奥杜邦学会举办的圣诞节鸟类统计活动就是一个生动的例子。这项活动始于1900年，如今已有一百多年历史了，在圣诞节这一天，大家自愿来统计鸟类数量，为鸟类学研究以及保护生物学提供关于鸟类数量统计的基础数据。统计范围覆盖整个美洲，将美洲划分为不同的统计区域，每个统计区域的直径有24千米。在1900年之前，有很多人在圣诞节期间参加传统的狩猎活动。在这种狩猎活动中，人们相互竞争，看谁打死的鸟类数量最多。包括奥杜邦学会在内的环境保护团体担心这样的狩猎活动会降低鸟类数量，提议在圣诞节以统计鸟类数量的方式取代原有的射杀，作为新的圣诞节传统。

1900年，来自北美的27名志愿者在美国和加拿大25处地点开始了第一次圣诞节鸟类统计，共统计了90种鸟类。从此以后，这样的鸟类统计活动在每年的冬季都会进行，而且每年参与者的数量都会有所增长。在2010年进行的第110届圣诞节鸟类统计活动中，共有2250名志愿者参与，覆盖了2200多个观测点，共统计了将近2250种鸟类，其中有640多种是在美国发现的。为了参加圣诞节鸟类统计活动，有的人要冒着恶劣的天气，忍受暴风雪的折磨，不远万里赶过来；但有的人不必这么辛苦，他们透过厨房的窗户就可以统计到外面喂鸟器旁的鸟类。无论是历尽辛苦还是坐等可得，志愿者参与这次鸟类统计活动的关键在于他们抽出一天时间，让自己的观察力发挥出来，为鸟类统计出了自己的一份力。

奥杜邦学会的一位领导人林恩·田纳福斯对我说，好多经常参加鸟类统计活动的志愿者都变得特别善于观察。要想辨认出刚发现的鸟是不是属于一个新品种，他们就必须细细观察，认真辨别，这样在不知不觉中他们的观察力得到了锻炼，变得越来越敏锐。这些志愿者自己也承认，自从观察力得到提升后，他们对周围的世界也变得敏感起来。

所有真正的科学家和艺术家都是善于观察的人，都有格外敏锐的观察力和较好的表达能力。这保证了他们可以注意到别人容易忽视的细微现象，可以将观察到的结果与众人分享。进化论的提出者查尔斯·达尔文就是个典型的例子。在22岁的时候，查尔斯·达尔文登上英国皇家海军小猎犬号，开始了他历时5年（1831—1836）的周游世界之旅。在加拉帕戈斯群岛，他凭借细致的观察，仔细地记录了大量地理现象、化石和生物体，并系统地收集了许多标本。对达尔文而言，雀类鸟嘴和龟背上的细微差异都是不同物种的标志。回国后，他认真地研究了带回来的宝贵资料，提出了家喻户晓的自然选择理论。如果没有敏锐、细致的观察力，达尔文很可能和大多数人一样被历史遗忘。

鲍勃·西格尔是斯坦福大学微生物学与免疫学专业的一流教授，也是非洲研究中心的授课老师，经常带队到偏远的地区——南太平洋西部的巴布亚新几内亚和东非国家坦桑尼亚进行探险。从达尔文的经历中受到启发后，鲍勃·西格尔决定也通过实地考察的形式培养学生的观察力。他给大学二年级的学生开设一门实地考察课“在斯坦福旅游——斯坦福校内实地考察活动”。设置这门课的目的是通过实地考察的实践活动，指导学生怎样在生活中注意到那些易被大多数人忽视的东西。

鲍勃·西格尔要求学生把每天的考察经过用笔记本记录下来。为了全面地认识某个考察地点，学生们对不同的人进行了采访，请他们讲述他们眼中的斯坦福校园。其中包括4位从斯坦福毕业的总统、法学院主任、商学院主任和招生办的负责人，以及来斯坦福学习的大学特派员、设计斯坦福的建筑师、为斯坦福清除害虫的园艺人员，等等。

这次实地考察活动的范围覆盖了整个校园，不仅有胡佛纪念塔等知名景观，还有很多不知名的普通景点。除了做笔记，学生还用照片和录像的形式把他们看到的东西拍下来。斯坦福大学内有三十多个餐馆，为了圆满完成这次活动，鲍勃·西格尔要求学生每天换一个餐馆吃饭。实地考察课结束的时候，学生对斯坦福有了更深的了解，学会了去注意身边的事物。

训练五种感官与周围环境互动

观察是一个互动的过程。有敏锐观察力的人都善于充分利用他们的听觉、视觉、嗅觉、味觉和触觉与周围环境互动，使自己与周围环境融为一体，这样才可以从他人的一句话、偶尔看到的一幅画或一张照片中发现别人未看到的一面。每次碰到鲍勃·西格尔的时候，都看见他身上总挂着一两个相机。凡遇到令他沉醉或感觉新奇的东西，他都用相机拍下来，回去之后认真研究。

为了培养学生的观察力，我也给他们布置了一项实地考察的任务。考察地点选在一个大家很熟悉、经常去逛的地方，但要求他们用全新的目光去发现以往被忽略掉的内容。我们的考察地点选在当地的一个购物中心，学生要在那里至少待两个小时，认真参观几家店铺。下面是学生每到一家店铺后问的几个问题。

实地考察活动

进店之前：

- 橱窗是如何布置的？效果怎样？
- 有没有被这家店吸引住？如果有，是什么吸引了你？
- 店门是开着的还是关着的？
- 商店的招牌有多大？

店内环境：

- 装修以什么颜色为主？
- 铺着什么类型的地板？
- 天花板有多高？给人什么感觉？
- 光线怎样？是否影响你购物的心情？
- 店内是否嘈杂？
- 有无背景音乐？如果有，是什么类型的音乐？
- 店内商品是琳琅满目还是稀稀拉拉？
- 商品摆放是井然有序还是杂乱无章？
- 闻起来有没有清新或刺鼻的气味？
- 收银台在哪里？
- 店内安全看起来是否有保障？

店员配置：

- 进店多久后导购员才会过来招呼顾客?
- 导购时他们是否有参考手册?
- 导购员与顾客的比例是多少?
- 导购员的年龄主要集中在哪个阶段？男女比例是多少?
- 导购员有没有统一着装?

商品方面：

- 店内中央有没有摆着主打商品的展台?
- 第一眼望去，商品属于哪个档次?
- 在店内最不容易找到哪类商品?
- 最贵的商品和最便宜的商品分别放在什么地方?
- 商品的价格是不是一眼就能看到?
- 收银台旁边有没有放着很容易让人一冲动就买下的东西?

顾客方面：

- 顾客平均年龄有多大?
- 顾客待在店里的平均时间有多长?
- 顾客看起来像随便逛逛还是要买点东西?
- 平均几个顾客中才会有一人购物?
- 残疾人方便进来吗?

收集积累观察结果

仅做了详细认真的观察是不够的，如果不用合适的途径把它们保存下来，它们就会像流星一样转瞬即逝。艺术家们懂得怎样通过绘画、照片、舞蹈、文字等途径把观察到的结果保存下来，这样它们就永远不会逃走了。正是由于这个原因，我们才说了解艺术远比学习怎样画画、怎样拍照更重要。“授人以鱼”不如“授之以渔”，艺术课教你怎样专心地观察世界、怎样将观察结果内化、怎样用合适的工具将它们表达出来。

真正的艺术家都会把平时观察到的有趣内容和脑海里突然冒出的念头搜集起来。著名编舞家、舞蹈家特怀拉·萨普在她的《培养创意的习惯》一书中也提到了这点。每当她开始编舞时，都先找来一个纸箱，外面写上舞蹈的名字，然后把平时发现的与创作有关的所见所闻、所思所想都放进纸箱里，方便在创作过程中随时拿来作为参考。她在书中这样写道：

我的每一个新舞蹈都是在纸箱里诞生的。在编舞之前，我会找来一个纸箱，它将是我灵感的发源地。在创作过程中，我会将平时观察到的、与舞蹈有关的所见所闻和瞬间冒出的想法全部搜集起来，放到纸箱里。比如剪报、CD、录像带、照片……如果想了解我是怎样进行创作的话，你就应该从研究这个纸箱开始。在感觉毫无头绪、无从下手时，只要翻阅一下纸箱里的内容，我就能重新找到方向。纸箱对我而言，就像一份承诺，让我相信自己一定能编出更好的舞蹈。正是在一个纸箱上简简单单地写下舞蹈的名字，开始了我的创作之路。

像IDEO这样的设计公司很清楚，要想成功地完成设计任务，不仅要有细致的观察力，还要看到事物背后的深层原因。IDEO是世界一流的设计公司。一次，美国的红十字会为了鼓励更多的人来献血，请IDEO设计一套方案。IDEO首先重新设计了献血站的桌子、椅子和设备，让它们在风格上协调一致，使志愿者在献血时感觉舒适、温馨。

但IDEO的设计团队并没有就此满足，而是进一步详细地了解志愿者的情况。通过认真采访，他们发现每个志愿者的背后都有一个感人的故事，而且在很多情况下，正是这个故事才使他们过来献血的。于是，IDEO决定利用这点，从情感上说服人们献血。他们请每位志愿者以“我为什么献血”为题，写一篇小短文，然后把这些故事贴在献血站的宣传栏上，旁边配有志愿者的照片，供来往的行人阅读。

直到现在，登录美国红十字会的网站时，你仍可以看到不断更新的以“我为什么献血”为题的小故事；点开每则故事下面的链接，可以找到近百个类似的故事。如果IDEO只满足于改变物质条件，不深入挖掘志愿者献血的原因，就不会想到从情感方面吸引潜在的献血者。

凡是杰出的发明家都深知，细致的观察力对发明创造有多重要。前面我们提到过的InCube公司的创办人米尔·伊姆兰，正是凭借细心的观察，综合化学、生物学、生理学、电子学、产品设计等多学科的研究成果，发明了一系列治疗疾病的新方法，其中包括头痛、心脏病、哮喘、阿尔茨海默病等等。

米尔·伊姆兰经常阅读大量的不同学科的学术期刊。他有着强烈的质疑精神，常常质疑期刊上的研究成果，试图发现其中有待改进的地方。为了做到这一点，他不厌其烦地一遍一遍地穿梭在文章的细节和结论之间。正是在反复的观察和对比的过程中，他发现了哪些地方已经成熟，哪些地方仍有不足，从中找到了可以开发的商机。

米尔·伊姆兰推出的治疗心房颤动的新方法就是这样得到的。心房颤动是常见的心律失常原因之一，心跳频率往往快而且不规则。心房颤动发作时心房丧失收缩功能，血液容易在心房内瘀滞，形成血栓，血栓脱落后可随着血液流至全身各处。如果流至大脑，就会引起中风，因此这是一种非常危险的疾病，大多数的病人还是采用常规的药物治疗方法。在20世纪90年代，开始流行一种介入性手术——导管射频消融术。导管射频消融术利用高频电磁波即射频能量，加热心房等部位，使它们的组织温度升高，形成环形的疤痕，将导致房颤的电流限制在心脏内，使之不能外传，从而达到根治房颤的目的。很快，这种方法成了治疗心房颤动的主要手段。据米尔·伊姆兰讲，在美国，每年有10万多名患者接受这种手术，很多公司也开始生产做这种手术所需的其他医疗设备。

导管射频消融术的治疗办法一直被认为不会对人体造成伤害，但是米尔并不认同。他发现心脏不规律的跳动是间歇性的，但依靠药物治疗的患者却必须天天服药。如果能有一种新的治疗方法，使患者只有在病发时才服药，而且不必人为地伤害到心脏，那该多好啊！米尔开始寻找这样的治疗方法。不久，他发现在发病的心脏周围使用极少量的抗心律不齐的药时，心脏就能立即恢复正常。

于是，他发明了一个微型的植入式起搏器，与传统起搏器不同的是，这个起搏器内含一个药泵，药泵里面装有抗心律不齐的药物。如果心颤发作，药泵里的药物就会被释放到心房附近，心脏就马上恢复正常。尽管这种新型的治疗方法还未进行人体测试，但如果成功的话，将免去心脏颤动患者每天服药的痛苦，保护心脏健康，降低患者罹患中风和心力衰竭的概率。InCube的一家分公司目前正在宣传这项新技术。

细致的观察力是深入了解世界的一个重要途径，是所有发明创造的起点。只要始终对身边的事物保持一份好奇心，不理所当然地认为自己已对周围的环境了如指掌，及时把观察到的结果记录下来，你就会变成一个善于观察的人。观察力如此重要，希望你能拥有它！

创意力

第五课

营造有创意的环境

场合不同传递的信息也不同

美国西北大学的莉斯·格柏教授曾在斯坦福大学哈索·普拉特纳设计学院主持过一次高级研修班，帮助企业高管快速提升用创意思维解决问题的能力。

有一次，一位学员抱怨教室太小，不利于学员间的交流合作，希望能换个大点的教室。出人意料的是，莉斯递给他一把电动螺丝刀，让他把教室中央的木制隔板拆下来，当时全班人都惊呆了。得知莉斯是认真的，他们才开始动手，很快就把那堵板墙拆了下来。教室一下子变得宽敞起来，这下大家可以专心于手头的任务，很快，各种各样的手工艺品就越堆越高。

生活和工作的地方就是我们的人生舞台，影响着我们的一举一动。从出生那一刻起，我们就开始受环境的影响。有研究表明，从小在激励性环境中长大的小孩往往更聪明，位于大脑表层的新皮层发育得更完善，在遇到问题时更善于创造性地解决。这也就是为什么家长和幼儿园都努力为小孩营造一种激励性的、促进智力开发的环境，促进他们的神经系统发育，培养他们的想象力。

家长们往往在家里挂上颜色鲜艳的图片，放上各式各样的玩具；幼儿园里常常到处摆着形形色色的积木和花花绿绿的儿童图书，还有各种有趣的益智游戏供老师们选择，甚至有些幼儿园为满足儿童单独作业、小组合作和集体协作时的不同需要，连家具都经过精心设计。

遗憾的是，随着我们渐渐长大，教室的布置越来越没创意。高中和大学的教室简直就是从同一个模板里刻出来的：一排排桌椅面向讲台，被固定在地上；老师在讲台上讲课，学生们在下面一味地埋头记笔记。幼儿园时激励性的环境不见了，到处充斥着单调、乏味、扼杀想象力的氛围。我们还期望着工作时能有所改观，真正走上工作岗位后，才发现只有更大的失望。我们被限制在一个个狭小的隔间里，有时办公室里还灯光昏暗，烟味弥漫。

不同的场合传递不一样的信息。场合不同，要求我们扮演的角色也不同，哪些该做，哪些不该做，都有明确的规定。比如，听讲座时，要做个被动的倾听者；住旅馆时，不用担心房间的打扫问题，因为有专门的服务人员负责；看医生时，必须等着医生的到来；参加音乐会时，艺人负责让你开心；在运动场时，就要自己娱乐自己。

独特的办公室设计风格可以激发创意

如果你想激发人们的创意思维，在设计办公室、教室或家庭活动室时，一定要记住不同的设计风格会有不同的效果。同各项规章条例和奖励措施一样，设计风格也会影响人们的表现。

此时此刻，我正坐在加州的一家咖啡馆里，外面天气已经暗了下来，不再像中午那样酷热了。周围都是前来喝咖啡的顾客，有的几个人坐在一起，有的孤身一人。像咖啡馆这样的公共场合，最适合消磨时间，观察路人，或结交新朋友。刚刚就有位年轻男士过来和我搭讪。他叫梅恩·施瓦茨，是位企业家，刚来到加州。他说他之所以来咖啡馆就是为了结交新朋友，因为咖啡馆里总有形形色色的人。

有趣的是，在这条街的街口有一家餐馆，那里压抑的氛围与这里完全不同。小圆桌和轻柔的音乐告诉你那里只适合私人交谈，最好不要找旁边的顾客聊天。因此，我更喜欢坐在咖啡馆的外面，混在熙熙攘攘的人群里，时不时碰到一个前来搭讪的人，这样的环境更能激发我的灵感。

我们都知道设计风格会影响我们的言行举止，但在设计办公室、教室、卧室时总是忘了这一点。现在认真回想一下，天花板的高度、灯光的亮度、音乐的音量和室内的气味，我们的工作、学习或者娱乐难道没有被这些因素影响过吗？优秀的房产中介深知这一点。在带顾客看房时，他们会把室内所用的灯都打开，在房子附近让人烘制饼干，因为他们知道，明亮的灯光和烘制饼干的香味会让人感到一种家的温馨，极有可能激发顾客立马把房子买下的冲动。尽管很多人心里清楚这是房产中介的一种推销手段，但大多数情况下，还是乖乖地中了房产中介的圈套。

建筑家也格外清楚天花板的高度和灯光的亮度等因素对人们情感的影响。美国芝加哥的著名建筑设计师珍妮·甘，以新颖壮观的设计风格闻名于世，凭借其杰出的建筑设计荣获了2011年度美国麦克阿瑟“天才奖”。她的代表作品有芝加哥北哥伦布大道上的爱克瓦大厦和伊利诺伊州罗克福德市的星光剧院。前者远看像被芝加哥肆虐的狂风吹乱的水滴，后者在晴朗的天气里看像盛开的鲜花。珍妮·甘领导的设计团队有着丰富的创意，在他们的工作室里处处洋溢着鼓励创新的氛围。

珍妮告诉我，他们在工作室的设计上故意不走寻常路，里面随处可见各种各样的在常规工作室不会放置的东西。如大块岩石、小块矿石、各种乐器、多样的纤维和精巧的手工艺品，所有这些东西都是为了激发团队的想象力，帮助他们快速找到设计灵感。除此之外，他们还故意将工作室的地址选在市区外的一家旧的银行大楼里，这样工作室内外都弥漫着轻松、适宜创新的氛围。

除了开放式的工作室外，珍妮公司还设计了三个风格迥异的会议室。这几个会议室颜色不同，大小不一，形状各异，连里面配置的办公设备都各具特色。

橘色的会议室是全天连续工作时使用的，里面有柔软舒适的座椅和一张大圆桌。会议室的对面就是模型室和餐饮部，这样，会议中需要建筑模型或者中场休息需要补充体力时就方便多了。白色的会议室是在正式演示时用的，里面有木质的条形会议桌，会议室对面是美丽的花园。银色会议室是团队聊天放松的地方，隔着窗户你可以看到下面街道上来往的行人。总之，珍妮努力给团队成员营造出一种轻松、灵活的工作氛围。

在珍妮所有的作品中，我最喜欢那幅巨大、飘逸的流线型窗帘。整个窗帘取材于大理石瓷砖，重725千克。珍妮把传统的大理石瓷砖削成极细极细的丝，然后和纤维一起织成了这扇窗帘。当它从天花板上垂下来时，漂亮极了。如果没有轻松、鼓励大胆创新的工作氛围，珍妮也不可能给我们带来这么美的创意。

与珍妮·甘的公司不同，美国旧金山的Square公司根据自己的公司理念营造了一种完全不同的工作氛围。Square公司是一家移动支付领域的创业公司，多年来一直秉承“操作简单、功能强大”的产品理念，主要生产一种配合智能手机使用的移动读卡器。这种读卡器使消费者、商家可以在任何地方进行付款、收款，并保存相应的消费信息。公司的主管深知，一件产品就是企业内部工作环境的直观再现，因此，他决定营造一种简洁、优雅的工作环境，进而促进产品研发。

Square公司的工作室特别大，一排排白色的办公桌整齐地排列着，员工与员工之间没有隔板，所有人都公开办公。会议室也是同样的风格，四周都是透明的玻璃墙。整个公司给人的感觉就是“干净、整齐、透明”。所有这一切都在传递一个信息：这里强调简洁，鼓励精简化的创意。此外，公开办公也反映了公司对公开透明的追求。在Square工作的迈克·怀特说，每次会议他们都会做详细的记录，然后把会议记录发到公司的内部网站上，让所有员工都可以看到。

我很幸运，能在斯坦福大学的不同部门里工作，每个部门都有它自己的设计特色。就拿哈索·普拉特纳设计学院来说，我在那里教创意思维方面的课程。第一次到那里去的学生，不用我们提醒，他们就立刻知道那里是学习怎样拥有更高的创意思维的地方：因为那里的布置不像办公室，没有公司里的小隔间；不像演讲厅，没有黑板；那里更像一个即兴表演的舞台，里面的布置可以根据课程的需要随时变换。

我之所以喜欢在哈索·普拉特纳设计学院讲课的原因之一就是，我可以根据当天要讲的内容，随时重新布置课堂。有时，我让学生围在可折叠式的桌子旁边，组成一个小组，需要做多媒体演示时，大家就把椅子朝同一个方向摆开；有时把学生两两组成一个小组，有时出于课堂内容的需要把全班分为两个大组或四个小组。此外，教室内所有的家具，如椅子、桌子、书写板和泡沫垫（有时可以当椅子坐，有时可以拿来当隔板），在最初设计时就考虑到要拆合方便。正是由于这样，有时甚至一节课要重新布置好几次课堂环境。除了定制的家具之外，教室里还一直摆放着各种各样的建模材料，方便学生想到一个创意时可以把它立体地展示出来，教室里已经摆放了很多以前学生手工制作的模型。你还可以在那里找到一间视频工作室，学生们把他们完成课堂任务的过程记录下来，可以更加直观地介绍给别人。

利用课堂环境辅助教学的老师在斯坦福并不少见。哈索·普拉特纳设计学院有一个“空间开发团队”，领导人是司各特·道勒雷和司各特·韦道夫。该团队主张重新开发利用学院环境，让环境为学院建设服务。有一次，我看见司各特·道勒雷坐在学院的接待处，便问他为什么坐在那里，原来该团队正在重新设计接待处的布局，希望人们在那里就能感受到学院的院风。第二天，在经过接待处时，我果然发现它已经换了一个风格。“空间开发团队”深知环境对人的影响，他们深入研究，努力让环境为目标服务。司各特·道勒雷和司各特·韦道夫合著的《利用环境：打造创新型合作平台》一书中详细介绍了他们在环境利用过程中积累下来的点滴经验。

知名的设计公司IDEO就不断地变换员工的工作环境，在IDEO，很少有员工的工作地点是始终不变的。当我去拜访IDEO的合伙人丹尼斯·博伊尔时，他在工作室中央的一辆改造过的货车里接见了我，那里是他的办公地点。关于这辆货车，还有个小故事。几年前，一位同事休假回来，发现自己的办公室被搬到了这辆货车里。他在里面工作了几个月后，那里又被当作会议室了。类似的事情经常在IDEO里发生。某个员工离开几周后，他原来的工作地点肯定已经被换掉了。丹尼斯·博伊尔给我举了很多例子，如一位员工度假去了，回来后发现他的办公室被搬到了一艘小船里；另一位设计师从法国休假回来，发现他的办公室被换到埃菲尔铁塔模型里；还有一位员工拿到绿卡后，把自己的办公室外面刷成了红白蓝相间的美国国旗。

IDEO经常更换办公环境并不是无聊之举，而是以公司倡导的“充分利用空间资源”原则为基础的，它极大地转变了员工的工作观念。30年前，每个IDEO的设计师都拥有一间属于自己的办公室，而且公司允许员工按自己的兴趣爱好来装饰他们的办公室。后来，出于长期项目或机密项目的考虑，公司开始将员工召集起来成立一个项目小组。没想到，这样的临时小组取得了极大的成功，工作效率极高，质量也有保证。从此，

IDEO公司不再设立个人工作室，所有员工都在开放式的空间一起工作。

IDEO第一个公共工作室在1995年成立，那年，掌上电脑公司请IDEO为第五代掌上电脑制订一套设计方案。丹尼斯和他的团队在研发的过程中发现，大家坐在一起时，整个团队更有活力，队员之间沟通起来更方便，各个队员的设计模型可以一览无余地展示给大家。距离在空间设计中特别重要，人们往往和邻伴建立起良好的关系，而那些离得远的人对彼此常常感觉陌生。研究表明，如果两个员工的工作地点相距4.6米以上，那就好比两个坐在不同办公楼里的人，他们之间很难产生亲近感。

我也是通过一个很偶然的机会发现，工作环境不同，人们处理问题的方式也不同。一次，我在创意思维课堂上带领学生做一个拼图游戏，要求参赛小组在最短时间内完成所有的拼图任务，用时最少的一组获胜。我先把整个班级分为两个大组，A组和B组，每个大组进一步分为4个小组。每个大组分到各有100小块的3个拼图，再把它们平均分给4个小组，也就是说，每个小组拿到了75小块。因此，要想快速地完成任务，同一大组里的各个小组必须合作。

在桌椅分配上，A组里的所有小组只有椅子，没有桌子；B组里的每个小组只有桌子，没有椅子。当时这样分配是出于区分A、B组的考虑，完全没有想到不同的分配办法将直接决定后来的比赛结果。

比赛开始后，A组里的小组几乎立即就开始和旁边的小组沟通。几分钟后，他们已经把椅子拉到一起，围成了一个圈，大家坐在圈里的地板上一起完成拼图。不久，A组就成功地拼好了3块拼图。与此不同，B组的进度就慢得多了。在比赛开始后，B组里的各个小组只顾低着头围在一张桌子旁边，忙着手里的75小块拼图，根本没想着要去和其他小组合作。

其实教室里的桌椅下面都装有轮子，可以来回移动。B组完全可以像A组那样，把4个小组的桌子拼到一起，大家一起合作，这样就可以更快地完成任务了。遗憾的是，此后我带着大家做这个游戏已不下十几次，但没有一次见到分到桌子的同学把他们的桌子拼起来，一起合作完成任务的。在比赛完后我告诉他们本可以这样做时，B组的同学往往感觉特别吃惊，因为他们自认为已经找到了很好的解决办法，而且完全没想到不同的工作环境会对结果有这么大的影响。

实际上，B组是被他们的工作环境束缚住了。工作环境或空间布局传递不同的信息，不仅影响团队的活力，也影响他们的工作思路。我们往往会不由自主地跟着环境给我们的暗示走，如比赛中的A、B组就是这样。A组只有可以移动的椅子，因此A组的队员会感觉“我们有很大的灵活性，可以随意重新安排椅子的排列方式”。B组只有可移动的桌子，但他们不会注意到桌子可移动这个特点，他们更多会感觉“这张桌子就是我们用来完成任务的地方，不允许其他人随意使用”，所以他们会把注意力全放在桌子上。因此，A、B组就有了上面的不同表现，比赛结果也就可想而知。

当你想要营造一种开放的、激发创造性思维的环境，就一定不能轻视各种细节，要把诸如墙壁颜色、背景音乐类型此类的因素都考虑在内。

最新研究表明，不同的颜色可以对人的认知和行为产生不同的影响，红色让人做事更专注更准确，蓝色更易激发创造性思维。这是因为不同的颜色会让我们产生不同的联想，比如，蓝色是天空的颜色，当看到它时，我们会想到广阔无垠、变幻莫测的天空。同样，空间大小也会影响人的表现。曾有人称，在户外或天花板很高的空间工作，人们会更有创意。建筑师精通这一点，他们在设计中，往往利用改变天花板的高度达到不同效果。典型的例子是传统大教堂和大型音乐厅里的天花板都很高。当你仰望这些高高的天花板时，内心就会充满高尚的想法，更易认同牧师的宣讲内容和舞台上的演奏主题。

除了内部环境外，外部环境也常常左右我们的一举一动。比如，当你隔窗望去，看到一堵高墙和一片生机勃勃的小树林时，你是不是有不同的感觉？1984年有人在宾夕法尼亚州郊区的一家医院做过一个研究，目的是观察病房窗外的景色是否与病人的康复速度有关。研究人员挑选了48名术后病人，平均分为两组，第一组住在可以看到自然风景的病房，第二组住在窗外就是高墙的病房。结果，第一组病人康复速度明显快于第二组，很快就可以出院了，并且在住院期间服用止痛药的数量也明显低于第二组。

不同类型的音乐会给我们带来不同的感觉

音乐类型也是影响我们的一个因素。人生好比一部电影，电影里的同一场景，配上不同音乐时，给我们的感觉就不一样。

奥瑞·布莱福曼在他与别人合著的《摇摆：难以抗拒的非理性诱惑》里举了这样一个例子：一次，他在斯坦福大学给学生上课，他先让学生们看一段视频，讲的是一个滑雪运动员正从一个看起来陡得吓人的山上往下滑行，背景音乐是一段重金属摇滚乐。整个场景让大家提心吊胆又兴奋不已。然后，奥瑞·布莱福曼换上另一段视频，还是同样的场景，只不过这次的背景音乐换成了旋律优美的古典音乐。感觉一下就不同了，此刻的滑雪运动员似乎面对危险的悬崖仍显得气定神闲、信心十足。只需换一下背景音乐就能轻易左右我们的感觉，足见音乐类型对我们怎样认识事物有很大影响。

我曾在课堂上做过一个相似的实验。我从经典电影《洛奇》中选取洛奇为即将到来的大赛做准备的那段场景。电影中给这段场景搭配的背景音乐听起来鼓舞人心，充满希望，处处暗示洛奇必将在接下来的比赛中大获全胜。但当我把它换成了另一种节奏缓慢、情感忧伤的音乐时，再来看洛奇，仿佛他从先前信心满满的状态一下子跌进了无奈、悲伤的旋涡，脸上因痛苦而扭曲的肌肉也不再是力量和耐心的象征，更像是胆怯和恐惧的标志。实际上，每部电影、每期电视节目都懂得利用声音来影响观众的心情。比如，在戏剧片中更为明显，为了追求恐怖效果，人们常常为片子配上阴森、不祥的音乐。

音乐类型不仅影响我们的心情，也会左右我们的味觉。爱丁堡赫瑞瓦特大学的阿德里安·诺斯教授发现，人们在品酒时，如果房间里背景音乐的类型不同，人们对酒的印象也不同，即使喝的还是同一种酒。他曾做过一个实验，让志愿者参加两次品酒活动，每次活动后都填一份表格，上面包括酒色、酒香、酒味等内容。实际上，两次活动里的酒都一样，唯一不同的是，房间里的背景音乐不同。如这次播放轻松、愉快的音乐，那么下次就播放压抑、悲伤的音乐。结果显示，品酒者对酒的印象完全受到背景音乐的影响。同样的酒，在不同环境下品起来，我们感觉到的口感完全不同。

营造创意环境的七大因素

伊万·麦金托什一直致力于“科技进步对学习的影响及怎样让先进科技为学习服务”方面的研究，是这方面的知名专家。在马特·洛克研究成果的基础上，伊万·麦金托什提出了七种能够左右我们认识和行为的空间或者环境因素。

如果你想营造一个鼓励创意思维的环境，下面这七种环境因素不容忽视。

第一种是“私人空间”

指可以让我们独处，不用担心被别人打扰的地方。私人空间的重要性不言而喻，不论大人小孩，每天我们都需要少则几分钟、多则几小时的私人时间。比如，我们往往会找一个安静、人少的地方接打私人电话；或在学校里常常看到小孩蜷缩着腿坐在公共长椅上，低头摆弄手里的手机。所有这些信号都提醒人们不要轻易去打扰他们。

第二种是“集体空间”

指小组的组员或家庭成员之间可以互相交流、彼此合作，共同解决问题。集体空间可以促进成员之间更亲密，加深彼此的感情，快速完成工作任务。比如，晚饭后，一家人围在火炉旁聊天，讲各自在一天里碰到的事情，讨论最近大家都关心的话题，等等。这就是一个集体空间，通过它，家人之间获得了更多的情感支持。遗憾的是，很多企业并不重视对集体空间的开发，他们只是让员工简单地待在自己的小隔间里，或者分坐在办公桌旁。从而先从物理空间上拉远了员工的距离，进而导致员工心理上的距离感。

第三种是“自我表达空间”

指可以通过相片、视频等告诉别人“我做了什么、我在哪里”的空间。自我表达空间可以是虚拟的，也可以是真实的。虚拟的自我表达空间比如有Twitter、Facebook、微博等由科技进步带来的新型沟通手段。真实的自我表达空间更常见的是在家里，如家里墙上挂的照片、油画，冰箱或小黑板上贴的工作日程表、备忘录，桌子上摆的正含苞待放的茉莉花和艺术花瓶，所有这些都是你表达自我的空间。通过它，一方面，方便别人了解你；另一方面，可以记录下你的过去，在规划未来时可以拿来作为参考。

第四种是“才艺展示空间”

指可以充分展示我们的音乐、舞蹈、表演等艺术才能和学术能力的地方。与其他几个空间不同，才艺展示空间可以根据需要随时搭建。比如，假设学校的桌椅都是可以动的，那么只需把桌椅搬到外面，教室就变成了一个舞台；表演结束后，重新把桌椅搬回来，教室就又恢复原样了。

第五种是“参与空间”

指可以让每个人都参与集体活动的地方。比如，把学校的一块闲置的运动场改为一座花园，允许每个学生参与植物的栽种，由学生负责看管。亲自参与活动，就可以让大家从一个消极的使用者变为一个主动的生产者。

第六种是“资料空间”

指可以获取有用信息的地方。同自我表达空间一样，资料空间也有真实资料空间和虚拟资料空间之分。真实资料空间更多指的是图书馆。在互联网出现之前，主要依赖图书等书面资料来获取所需信息；互联网的诞生，催生了更多的虚拟资料空间，像在线数据库等。2009年，全球市场资讯集团TNS对16个国家的2.7万名18岁至55岁的网络用户进行了“每天平均上网时间多长”的调查。结果显示，25岁以下的被调查者平均每天花36%的休息时间上网，其中参加调查的中国人每天平均花掉44%的休息时间上网，为全球之最。这些数据充分说明了互联网时代人们对网络的依赖性，因此，企业或学校都应该好好利用虚拟的互联网资料空间。

第七种是“旁观者空间”

指只做被动的观察者和倾听者的空间。有时，我们会对一直做参与者、策划者感觉疲惫，很想只做个旁观者，听听别人在讲什么，看看别人在做什么，这样我们就能跳出自己的小圈子，投入到周围的大环境里。在观察别人的时候，也许别人不经意的一个举动都可以给我们以启示，激发我们的灵感。

皮克斯动画工作室就像童话王国

富有创意的想法往往在鼓励创意的环境里诞生。皮克斯动画工作室就是个典型的例子，堪称经典的《玩具总动员》和《海底总动员》就是由它制作的。当你去皮克斯总部参观时，一定会看到门口放置的怪兽，它们都是皮克斯作品中的主人公。你还会看到各种各样、各具特色的办公室。公司允许艺术创作者发挥个性，自行装饰他们的办公室，因此每个办公室都各有风格，有的是日式小餐馆，有的是丛林书屋，有的是童话故事中的小木屋。皮克斯的动画色彩鲜艳，人物形象设计独特、性格丰满，这与其公司环境密不可分。如果没有这种轻松活泼的工作氛围，他们也就不可能为全球观众献上那么多充满哲理的精彩影片。

很多刚创业的企业都懂得充分利用公司环境来鼓励激发员工的创意思维。就拿特里普·阿德勒创立的Scribd公司来说，Scribd是一个在线文档上传及分享社区，号称是全球最大的文件分享平台。来到Scribd总部，你会看到开放式的工作室和高高的天花板，从天花板上垂下一根绳索，直达地面；这里陈列着一些收藏级的单座赛车、弹簧高跷、滑板、独轮车和踏板车；某处摆放着一台卡拉OK机、一张台球桌和一张乒乓球台。公司规定哪位员工为公司引进一位新员工的话，就让他从那些收藏级的陈列品里选一件归他所有。此外，公司还发明了一种新的赛车玩法。特里普·阿德勒称，这个新游戏把公司的创意思维推到了一个新的高度。当然，员工不可能一整天都是在玩耍，但这些好玩的玩具和游戏不仅吸引和留住了员工，还提醒他们公司鼓励创意，追求创新。

上面我们讲了很多诸如音乐类型之类的因素对创意思维开发的影响，但这些因素终究是物理环境，我们不要忘了，身边的人也可能对我们的认知和行为发挥作用。身边的人不仅包括公司的同事、家庭成员等和我们一起工作、生活的人，也包括陌生的路人。前面提到过的罗里·麦克唐纳（第二课第四节），正是注意到了身边的小孩们结伴玩耍时的表现，才使他从新的角度来研究同一行业不同企业间的相互作用。

空间或环境对我们非常重要，它告诉我们哪些该做哪些不能做。如果你工作、生活在一个轻松、活泼、鼓励创新的环境，那么你看问题的角度就更开阔，想法更新颖；如果你被困在一个沉闷、呆板、墨守成规的氛围里，那么你的创意思维就会被压抑、扼杀。因此，就像莉斯·格柏鼓励学生那样，拿起你的刷子，把墙涂成你喜欢的颜色；拿起手边的材料，把脑中的想法立体化；甚至你也可以拿起一把电动螺丝刀，把空间扩大，让创意思维扎根生长。

生活和工作的地方就是我们的人生舞台。如果你想富有创意，就要把握住各种细节，努力营造出一种鼓励创意思维产生的环境，这样你才能放飞想象，实现创新。

创意力

第六课

约束催生创意

压缩时间却让创意反弹

一年前，我的编辑基甸兴高采烈地打电话告诉我，哈普万出版社想出版这本书，而且我有10个月的写稿时间。我的上本书《真希望我20几岁就知道的事》是在4个月内完成的。相比之下，这次有充足的写作时间，可以慢慢完成。但实际上，我却一拖再拖，直到只剩下4个月时才动笔。由于所剩时间有限，写作的时候我特别投入，终于按时向出版社交稿。但整个过程最让我吃惊的是，本来有那么充足的时间，为什么我还要拖到最后才动笔？

后来，我发现我是故意拖延的。实际上，我是在给自己制造压力，有了压力我才更有动力，工作起来才更有激情。既然出版社完全不给我一点压力，那我就自己找压力。

作为一名老师，我很清楚给学生布置作业时，如果留的时间够宽松，那么他们就会一拖再拖，不到最后期限临近绝不提前完成。比如，以前我总喜欢在第一节课上就把期末考试内容告诉学生，心想这样他们就有10个月的准备时间，但结果是，学生不到倒数第三个月是不会把考试放在心上的。

现在，我更倾向于缩短任务时间，每两周给他们布置一个任务，要求在两周内必须完成。与以前大不相同，虽然学生的任务量加大了，但任务却完成得更出色，他们也更享受这个过程。如果压力一开始就存在的话，人们就不会感觉没劲、无聊，因为时间有限，不容你懈怠。各行各业都一样，当你有压力时，更有可能表现出极大的激情和创意。正如谷歌产品研发部门负责人玛丽萨·迈尔所说："创新需要约束。"时间是常见的一种约束因素。

压力越大创意思维越活跃

哈佛商学院的特瑞萨·阿玛贝尔、康斯坦斯·哈德利和史蒂夫·克雷默，多年来一直从事组织创意思维的研究。《哈佛商业评论》上曾刊登过他们合写的一篇文章，题目是《枪口下的创意》。在文章中，他们借助比喻，用一个简单明了的图表（如下图所示），漂亮地诠释了压力与创意思维的关系。该图表将人们日常工作或生活的情景分为四类，下面我们来一一说明。

	无/轻度压力	高度压力
高创造力	探险	使命
低创造力	自动驾驶飞机	跑步机

第一种情景是在无/轻度压力情况下表现出丰富的创意性思维。这时，由于没有或很少有压力，人们可以进行各种各样的尝试，创意性思维无限爆发，感觉就像在从事冒险活动一样。但是，能在无/轻度压力情况下，经得起安逸环境的诱惑，就必须有极强的自制力，不断寻求挑战激励自己。

第二种情景是在无/轻度压力情况下表现得完全没有或很少有创意性思维。这种情景很像坐在自动驾驶飞机的驾驶舱里，不用担心一切驾驶问题。正是由于压力不足又缺乏自我控制的能力，人们很容易满足于现有的安逸，找不到明确的目标，把该做的事一拖再拖，最终感觉生活单调乏味，完全没有创新的激情。

与第二种情景刚好相反，第三种情景虽有足够的压力，但缺乏明确的目标，仍表现出创意匮乏。这时，人们感觉他们好像踏在永不停歇的跑步机上，传送带一直不停地转动，迫使你不得不疲于应付，却不知道究竟在为什么奔跑。

第四种情景是在高压状态下激发起无穷的创意。这时，尽管人们明显感觉到背后巨大的压力，但他们深知自己在做什么，为什么要这么做。此时的任务对他们而言更像是使命，他们会发挥出所有潜在的创意思维。

1970年“阿波罗13号”宇宙飞船在登月途中氧气箱发生爆炸，舱内的3名宇航员的生命受到严重威胁。为了挽救宇航员的生命，美国国家航空航天局必须在几个小时内迅速研究出解决方案，展开一场分秒必争的太空救援任务。《枪口下的创意》是这样来描述这段历史的：

1970年，“阿波罗13号”飞船在飞往月球的途中，服务舱内的二号氧气箱发生爆炸，直接破坏了舱内的空气过滤系统，使二氧化碳含量急剧升高。如果在极短时间内不将它修好或换掉的话，舱内宇航员将会处于极度危险的境地。当控制中心忽然接到飞船从遥远的太空传来“休斯敦，我们出问题了”的信息时，地上的所有工程师、科学家、技术人员都立刻明白他们肩上的担子有多重了。分秒必争，他们立即把造飞船用的全部材料都拿来，甚至是飞行手册也不放过，抱着一线希望，期盼着能用这些飞船里就有的材料设计一个新的空气过滤系统，方便宇航员复制。

在这种危急关头，工作人员充分发挥他们的想象力，终于设计出了一个新的过滤系统。尽管由于时间紧迫，新系统在外形上仍有待改进，但它足以挽救宇航员的生命。设计师称，即使宇航员的意识很不清醒，他们还是可以按设计的原型自己组合一个新系统。事实证明，新系统真的成功了，3位宇航员顺利返回了地球。

很显然，在上面的例子中，所有人都顶着巨大的压力，同时又表现出了超强的创意思维。一边是悬在一线的生命，一边是有限的时间和有限的材料，只有充分发挥想象力，借助无限的创意思维才能完成这个艰巨的任务。在现实生活中，虽然像这么极端的情境很少，但类似的事情比比皆是。比如，我们常常突然接到老板的电话，要我们在极短的时间内，把看起来根本不可能完成的事情做好，或者把还没一点眉目的产品推向市场。

2001年的“9・11”恐怖袭击发生后，知名的网上拍卖商易趣公司决定开展一项名为“美国拍卖”的慈善活动，希望在100天之内为6家不同的慈善基金会募捐1亿美元以帮助“9・11”事件的遇害者家属。一般情况下，举办一场这样的慈善活动需要5个月的准备时间，但是在“9・11”事件的特殊情况下，易趣公司只用了3天就完成了全部的准备工作——第一天设计网站，第二天编码，第三天测试。共有100名工程师参与了这次活动，他们夜以继日地工作，每个人都感觉到强烈的使命感，殚精竭虑，终于在离规定时间还剩1小时时完成了任务。

这个例子说明了，在突发事件带来的巨大压力面前，人们潜在的创意思维往往会被激发出来，完成平时难以完成的任务。

资源越少，创意越多

处于起步阶段的企业经常会遇到各种压力，它们必须克服资源方面的不足，尽快将产品推向市场。但是，这种压力对新兴企业来说，并不总是坏事，它更像催化剂，逼迫企业在种种约束中，凭借丰富的创意思维将困境转化为机遇。

斯坦福大学工程学院讲师、风险投资机构Floodgate投资合伙人安·米乌拉科就认为，所有企业，尤其是刚起步的企业，都需要压力，需要约束。没有了压力，企业做决策时将有失客观，在研发产品时将显得循规蹈矩。正是有各方面的约束存在，如资金方面、原材料方面，企业领导才会谨慎考虑，分清缓急，格外鼓励创新。

1975年，英国六人喜剧团体“巨蟒”小组推出了经典影片《巨蟒与圣杯》。这是一部低成本电影，虽然讲述的是阿瑟王和圆桌骑士接受上帝的旨意去寻找圣杯的故事，但整部影片中却只在一处出现过一匹马，其他地方都由敲击椰子壳的声音代替马蹄声。比如，在浓厚的大雾里，你听到远处传来嗒嗒的马蹄声。待马蹄声渐近，你才发现根本没有一匹马，那嗒嗒的声音原来是仆人敲击椰子壳发出的。由于这部电影的制作经费有限，创作团队根本无力支付租用马匹和上马术课的费用，才想起用敲击椰子壳的声音代替马蹄声。“资源越少，创意越多。”《巨蟒与圣杯》的创作团队没有纠结于“怎样才能找到马匹”，而是换个思路，创造性地思考“能不能用其他东西模仿嗒嗒的马蹄声”。因此，如果你在生活和工作中也遇到“找不来马”的困境，不妨想想这个例子，换个角度，寻找“能模仿马蹄声的椰子”！

埃里克·里斯，曾是社交游戏网络游戏公司IMVU的合伙创始人和技术主管，出版过《精益创业》一书。根据多年的工作经验，在丰田汽车“精益生产”理念的基础上，他最早提出了“精益创业”的概念。他发现企业在研发新产品的过程中，越早知道顾客的意见，研发出来的产品越好。因此，他认为企业应该实行“精益创业”。具体讲就是，研发团队经过几个星期或几个月的努力后，先将设计出的未成熟产品介绍给顾客，然后根据用户反馈，实时改进，隔几天或一个月再推出改进后的产品模型，再接受用户的反馈，如此反复，直到新产品正式上市。

与传统的研发原则不同，“精益创业”理念最大的特点是它给顾客提供了参与产品研发过程的机会。顾客的意见好比一个框框，研发团队只能在这个框框里实现创新。跨出这个框框的创新不被顾客接受，也就是无意义的创新。

为了让学生明白“资源越少，创意越多”的道理，我在课堂上给学生布置过一项设计贺卡的任务：

要求学生以“地球日”为主题，在30分钟内，利用纸张、标记笔和剪刀，设计出4张不同的贺卡，并且要配上广告词。最后学生自己投票选出设计最好的一张，赢者会得到奖励。

我们都知道，在公司里设计贺卡的话，往往需要几个月的时间，而且可选材料很多，设计工具也先进，但这个活动就是要学生在有限的时间、有限的材料和竞争的情况下，学会在约束中创新，在框框中避开落俗，另辟蹊径。

当30分钟结束时，教室已经堆满了各式各样、风格迥异、设计新颖的贺卡。有个小组设计的贺卡是口袋式的，里面可以装进种子，当贺卡被打开时，种子就会掉出来。还有个小组设计的贺卡可供多人使用，每人在上面写上想说的话，再传给其他人。看到自己在这么短的时间内，利用很普通的工具就制作出如此各具特色、充满创意的贺卡，学生们很开心，而且意识到约束或压力的确可以催生创意。

约束往往催生创意

现实生活中有很多约束催生创意的例子，例如Twitter。

凡是使用Twitter的人都知道将每条信息的字数控制在140字以内，但是，既不超出字数规定又能快速吸引他人眼球就成了一个难题。不过，这并没有难住Twitter的用户，他们在叙述自己所见所闻时充分发挥想象力，不仅创造性地将自己想说的内容表达得清清楚楚，还发明了有趣的表达方式。

下面这个例子，就是摘选自Twitter用户莫林·埃文斯发表的关于烹饪方面的微博，它的字数严格控制在140字以内：

烤豌豆&西柚沙拉：调味料，西柚块；混合果汁+柠檬汁&蜂蜜&色拉油。拌匀豌豆/色拉油/调味料；烤3分钟。完成。

另一位Twitter用户约拿·伯瑞迪发起了一场“Twitter冒险游戏”。下面这两条内容摘选自他的微博：

Twitter冒险游戏！人人可以参与！祝你好运！=>/http://bit.ly/开始游戏

为了拯救地球，你现在要去完成一个很危险的任务！你是1）/http://bit.ly/接受任务2）http://bit.ly/去度假

如果把字数规定得更少，比如6个字，会怎么样呢？

据传有一次海明威在酒吧喝酒，有人知道他是作家，就跟他打赌10美元，看他能不能用6个字写出一篇小说。海明威不假思索地写下6个字：“待售：童鞋新品。”与此类似，有个网站发起过一次“6字比赛”，要求参赛者用6个字造句，看谁的句子更有新意。下面的句子就是从该网站上选取的：

我嫁给了时间。

我残疾但阳光。

爱好工作失衡。

父亲粗心我不。

在第一节创意课堂上，为了提高学生的创新意识，我要求他们用6个字介绍自己。由于字数的限制，要想正确地表达出自己的个性，学生们就必须发挥想象。令人欣喜的是，他们完全没有被字数给框住，反而因为字数的限制，自我介绍更有创意、更加有趣。看下面几个例子：

总是雾里看花。

从不断绝冒险。

我不怕看鬼片。

创新也需要完全打破约束

前面我们总是在讲怎样约束或增加压力可以促进创新，但是有时，我们需要完全打破约束。目前世界最大的网上零售商亚马逊公司的高级副总裁迭戈·佩森提尼说，他们公司在做决策的时候往往暂不考虑利益。比如，在一次会议上，有人提议开展一次专门为顾客考虑的活动，如果大家感觉这个提议不错，就把利益问题暂放一边，先考虑怎样设计这样的活动。

2002年以前，亚马逊公司在每年假期都会做买书免运费的活动。由于其他时间都要收取高额的运费，活动期间顾客就特别多，甚至很多并不急需买书的人也抢在这个时期购买，而该项活动带来的经济损失由亚马逊公司单独承担。亚马逊的管理层认为，既然顾客不支付运费了，能不能从其他途径减少损失呢？他们发现只要增加运货量，货运公司就愿意降低运费。因此，他们想办法增加运货量，尽可能地减少损失。

约束或压力无处不在，如时间限制、资金制约、人才短缺或残酷竞争等等。但正是这些因素的存在，才迫使你放飞想象，发挥创意思维，在框框中跳舞。有时，你可能不会为这些问题担忧，但是你可以想象一下，假如你没有那么多的有利条件时会怎么办。约束就像催化剂，鼓励你不断创新。

第七课

创意力

规则里的新创意

规则也可以为创意思维服务

记得小时候一家人驾车旅游时，在路途中父母都会带着我们姊妹几个一起玩游戏，谁的得分最高，谁就会受到奖励。

我们常玩的几个游戏有：根据车辆的车牌号判断这辆车属于哪个州，识别沿途见到的比较特别的建筑、花草，仔细观察周围哪些物体的名字里开头几个字母是按字母表的顺序排列的。实际上，生活本身就是一场游戏，处处都存在着规则。家庭有家庭的规则，学校有学校的纪律，办公室有办公室的规定，每个组织也有它自己的条例。各种各样的规则——奖罚制度——影响着我们的一举一动。它们或限制我们的活动范围，或激励着我们不断追求创新。

快速适应规则，迅速发现不同场合的不同要求间的细微差别，是人类的本能。因此，如果你想提高自己或他人的创意思维，就应该好好利用各种奖惩制度。同空间环境一样，规则也可以用来为创意思维服务。

由于网络视频游戏的日益盛行，一些人成了制定游戏规则方面的专家，他们能巧妙地利用规则使你对某款游戏流连忘返。利用规则来影响人们行为的这一理念，目前已经被很多大公司争相引进，开拓出了新的商业模式，这一现象被称为“游戏化”。

布里斯托大学的汤姆·查特菲尔德是科技文化评论者，也是游戏写手。在他的书《玩乐世界》中，他提到，玩家在模拟真实情景中的探寻体验和精心设计的虚拟奖品带给他们的满足感，都可以为解决现实问题提供参考。网络游戏为了吸引更多玩家，往往在心理学研究成果的基础上设置很多激励机制。理解了这些激励设置中所包含的心理学理论，不仅能更好地了解玩家，还能改善世界。在研究神经学和心理学对游戏规则的影响时，查特菲尔德发现了游戏中常用的几种激励方式，这些方式也同样适用于其他行业。

游戏规则四原则

汤姆·查特菲尔德强调的第一条原则是及时反馈。

在网络游戏中，玩家可以随时看到自己的得分。当他们完成一个任务或学会一种新技能时，分数立刻会增加；如果没完成任务，现有得分就会被扣除一部分。因此，通过观察得分的变化，玩家了解到哪些该做哪些不该做。

比如，《愤怒的小鸟》这款游戏就是一个例子。每一回合的时长都很短，玩家可以及时复制上次的成功或避免重蹈上次失败的覆辙；而且每一回合中每次被弹出的小鸟会留下弹射轨迹，可供玩家下次发射时作为参考。这款游戏之所以能在很短的时间内赢得很高的人气，取得每日下载量高达100万余次的成绩，很大的一个原因就在于玩家能及时地得到反馈。

电动汽车的设计中也引进了这个理念。比如，通用公司推出的电动汽车雪佛兰沃特就将驾驶过程游戏化了。汽车内部的一个仪表盘上详细地记录了驾驶员当前的驾驶情况，为驾驶员调整驾驶策略提供参考。乔·诺塞拉曾这样描述他试驾雪佛兰沃特的经历：

在沃特的内部不仅有一个电量显示器，在它旁边还有一个里程表，上面会清楚地显示已耗掉的油量和已走过的千米数。当我花了2个小时到达南安普顿时，油箱里只剩下半缸油了，也就是说，我用掉了9.1升的汽油，而我在行驶过程中，仪表盘上显示1升汽油可以跑18千米。

当天晚上我给汽车充了一夜的电，第二天将使用电动功能。上午大概跑了48千米，中午的时候，我给它又充了几小时的电……充完后的电量可以支持汽车跑16千米，这足够坚持到下一个充电站了。到晚上时，里程表上显示总里程已经达到128千米。第二天早上，128千米的行驶记录已经变成了161千米了。我感觉自己像在玩一个有趣的游戏，我学会了每到一个充电站都给汽车充电，哪怕只充几个小时，这样我就可以控制汽车的耗油量，这种感觉棒极了。当我把沃特还给通用公司的时候，我跑过的总行程是483千米，而耗油量还是去南安普顿时用掉的9.1升。我并不是塞拉俱乐部（美国的一个环保组织）的会员，但我必须告诉你：我为自己用这么少的汽油感到自豪。

当我向通用汽车公司生产部门的主管罗伯特·鲁茨讲述自己在试驾过程中的心理变化时，鲁茨先生笑着说："的确如此，那种感觉就像你正在玩一款游戏，游戏中可以随时了解自己的得分情况。"

诺塞拉后来总结他的这次试驾体验时说："沃特能让你不加油就跑1500千米或者更多。"这个真实的例子充分说明了及时反馈对驾驶员调整驾驶策略的重要性。

假如把"及时反馈"这一理念推广到其他行业会怎么样呢？比如，我们可以把它用到服务行业。有的顾客喜欢服务员站在自己身边，有的顾客喜欢自己待着。如果在餐桌上安装一个显示器，上面有顾客期望指数和小费计算器：顾客期望指数显示该顾客是喜欢热闹还是愿意不受打扰，小费计算器会根据服务员的服务态度、反应速度等指数计算出顾客应给小费的金额。这样，服务员就可以根据显示器上的信息及时调整他们的服务水平，提高顾客的满意度。

政治竞选活动也开始增设了及时评论这一项。美国有线电视新闻网CNN在直播上届美国总统候选人奥巴马与麦凯恩的辩论时，细心的观众会发现在屏幕下方首次出现了滚动条。观众可以根据两位候选人的辩论表现进行实时投票，投票结果会同步显示在滚动条上。

当然，有的场合不鼓励"及时反馈"，如公司每年举行一次的绩效考核。在考核过程中，负责人往往不会对员工的表现立即给予反馈，以避免给员工带来太大压力；员工也循规蹈矩地做些不会影响最终考核结果的事。如果负责人对员工的每一个表现都立即有所表示，那么员工会根据负责人的反应，调整自己的表现，从而导致整个考核结果有失客观。

斯坦福大学哈索·普拉特纳设计学院特别重视教师与学生之间的互动。课堂外，教师和学生常常聚在一起，以《我喜欢，我希望，假如……》为题，讨论上节课的课堂表现，并把讨论结果记录在写字板上。比如，上节课的哪些方面他们很喜欢，哪些方面需要改进，哪些新想法可以引进课堂教学。教师和学生都积极地参与讨论，表达自己的观点。这个活动增进了教师与学生之间的相互理解，提高了双方参与课堂活动的积极性，也为教师提供了很多有用的建议，帮助他们各自及时调整授课方式或参与形式，避免期末临近时才想改变授课方式，或期末考试后学生发现自己没及格的尴尬局面。

汤姆·查特菲尔德强调的第二条原则是把任务分割成可计量的短期和长期目标，在实现短期目标的过程中取得的成就，无论大小，都予以鼓励。

如在视频游戏中，玩家的最终目标是杀死一条恶龙，但在接近这条恶龙之前，玩家必须战胜很多其他的怪兽；作为奖励，每战胜一个怪兽，玩家就能获得一定的积分。这个道理也适用于教学和企业管理。教师或管理人员不仅要强调最终目标，还要重视学生或员工平时的表现，对他们的每一个进步或贡献给予表扬，从而使学生对学习或员工对工作一直保持浓厚的兴趣。

位于美国加州的一家创新型生物医药公司Proteus Biomedical为了鼓励员工不断创新，有一条有趣的规定。公司所有员工都有一个很大的玻璃瓶，它们被整齐地摆在公司大厅里。无论谁，只要他或她通过了专利申请或对公司做出了突出贡献，公司就把一个塑料制的大脑模型放到他或她的玻璃瓶里，申请的专利越多或做出的贡献越大，瓶子里的大脑模型就越多，这样一来，员工之间就产生了竞争。

为了赢得更多的大脑模型，他们就充分利用自己的创意性思维。比如，公司的合伙创始人马克·德布雷克就有好几个玻璃瓶，里面全装满了赢来的大脑模型。现在，这个规定已成为公司文化的一部分，大厅里的玻璃瓶也成了公司独特的一景。

有一个名叫“Written? Kitten!”的写作网站为了鼓励人们写作，推出了一款有趣的应用程序。打开该网站，你就会看到网页左边有一个空白的写作区域。写作时，电脑会自动统计字数，当字数达到100时，右边会自动弹出一张小猫的照片。对于那些喜好猫咪的人来说，这样的活动可以鼓励他们坚持写作。

与此不同，虽然都是为了督促人们不要间断写作，一款名为“Write or Die”的写作应用程序完全采用了不同的方式。为了帮助文字工作者克服拖延时间的习惯，“Write or Die”内置了一个倒计时工具，同时提供了几种不同的惩罚模式，具体使用哪种惩罚模式由使用者自己设定。如果在写作过程中的一定时间内没有新内容输入的话，它就会进入惩罚模式。比如，如果选择“温和模式”，那么只要你停顿时间超出了一定限度，就会弹出一个提示窗口；选择“正常模式”的话，就会有一个刺耳的声音来催促你，只要你不继续写作，它就不停；选择“自杀模式”的话，结果就比较惨，它会一字不漏地把使用者之前写的内容自动删除。

无论是“Written? Kitten!”网站的激励模式，还是“Write or Die”写作程序的惩罚模式，都是为了监督写作进度，但都不对写作内容进行评价。这一点尤为重要，它是激励模式或惩罚模式能成功的原因。斯坦福大学的罗伯特·萨顿教授在他的《逆向管理》一书中也提到了这个观点。不仅要对成功的尝试予以鼓励，也要对失败的实验给予赞赏。创新如同游戏，一样有很多死胡同。每一次失败的尝试实际上都否定了一条死胡同，使其他人绕道而行，节省了大量的精力。

汤姆·查特菲尔德强调的第三条原则是确保有不确定因素，或者惊喜。

只要是从事多年动物行为研究的科学家都明白这点。哈佛大学心理学家斯金纳就发现，如果一只猴子在按铃时偶尔能得到水果吃，那么它就会不断地去按铃，因为它知道说不定什么时候它就又有水果吃了。这就是随机性的惊喜带来的巨大影响。在赌城拉斯维加斯到处可以看到被这种随机性操控的赌徒，他们一连几个小时待在老虎机旁边，盼望着自己能中大奖。随机地给人们一些惊喜，就会给他们一种心理暗示。同样道理，当人们表现出丰富的创意思维时，给予他们一定的奖励，他们就会一直保持着追求创新的状态。

汤姆·查特菲尔德强调的第四条原则就是增强集体归属感。

我们是群居动物，当和他人待在一起的时候，可以比单独时表现得更出色，赛跑就是一个很好的例子。我的儿子乔什是南加利福尼亚大学的短跑运动员，他发现当进行接力赛时，运动员往往比单独训练时表现得更好，更容易打破以往的纪录。团队之间的合作和竞争能激发我们的潜力，使我们比平时表现得更出色。教育和企业管理中都可以引进这个理念，让学生或员工在一起分享各自的经验，提升集体创造力。

当你抱怨某些事情无聊时，不要担心，只要发挥一下想象力，就可以让任何事情变成有趣的游戏。大众公司曾提出一个“快乐理论”，指将平常事情变得有趣起来，就能明显改变人们的生活方式。瑞典的斯德哥尔摩地铁站有两个进口，一个是普通楼梯，一个是自动扶梯，大多数人愿意乘坐自动扶梯。为了鼓励大家多走普通楼梯，大众汽车瑞典分公司设计师把台阶按键盘的标准刷成黑白色，给楼梯装上压力传感器，并同扬声器连接起来，这样楼梯就被改装成了一个巨大的钢琴键盘，每踏上一个台阶就会产生一个音符。自从推出钢琴楼梯后，爬普通楼梯的人一下子多了起来，大家都想感受一下它带来的音乐乐趣。

此外，大众公司还在一个公园里建造了“世界上最深的垃圾桶”。设计师在垃圾桶里安装一个传感器，当有东西扔进去的时候，垃圾桶隐藏的喇叭会播放一段声音，感觉垃圾像是从上千米的高空跌到了一个无底洞。这个垃圾桶推出后，立即引起了人们极大的兴趣，为了听到这种声音，有人甚至专门把公园里的垃圾收集起来放到这个垃圾桶里。

影响创意思维的完美奖惩规则

奖惩规则对人们的创造活动非常重要，稍微更改一下规则就会带来很大的改变。在我的一个班里，我以游戏为例向学生说明规则对创意思维的影响。

我选取的游戏是每个美国家庭都特别熟悉的文字图板游戏，它有十分完美的奖惩规则。

该游戏有100张字母牌和一个图板，每张牌上刻有一个A到Z之间的字母，图板上有15×15个方格，中央画着一颗五角星。每场游戏通常有2～4名玩家参加。比赛前，将100块字母牌装入袋中，玩家随机抽取一块，谁牌上的字母按字母表顺序排列最靠前谁先出牌，然后一起从袋中各随机抽取7张牌。

出牌规则如下：

第一次出牌时，不得少于两个字母，并且有一个字母必须放在图板中央的五角星上；

其他玩家出牌时，在图板上已有字母的基础上利用手中的牌组合出新的单词，组合顺序为从左到右或从上到下；

每次出牌后，玩家就从袋中重新抽牌，确保手中的牌有7张。

得分规则是拼出的单词越不常见、越长、但仍在字典收录范围内的得分越高，当把7个字母都用上时可以得4分，其他情况下可能是3分或者2分。

我把学生分为8组，每组得到一块图板。他们准备好后，我每隔10分钟更改一次游戏规则。比如，有时我将每人手中可持有的牌数由7张增加到9张，规定可以用字母拼写人名或外语，这时的游戏规则就比原有规则宽松；有时我将每人手中可持有的牌数由7张减少到4张，只允许在图板上现有的字母基础上组合新单词，而且必须在规定时间内将100张牌用完，这时的游戏规则就比原有的规则严格。

游戏结束时，得到的结果让他们大吃一惊。

当我允许他们有9张牌，人名和外语都计入得分时，不出意料，学生们都欢呼起来；当我要求他们只能有4张牌，并且要在规定时间内用完100张牌时，学生们都抱怨起来。

但不要被表面的欢呼或抱怨的假象迷惑，事实证明，当规则变松时，学生们的得分普遍较低，创意思维也下降了；当规则变严时，学生们的得分反而更高，创意思维也更强。比如，规则变松时，有个学生直接用9张牌拼成了一个字典中从未收录过的单词，她声称这是她未来孩子的名字。的确很有趣，但我们都会把这看成是投机取巧的行为，而不是创造性的成果。规则变严时，实际上游戏的性质已经改变了。学生要想在规定的时间内用完全部的字母，小组成员就必须一起合作，共同努力。这时大家之间的竞争消失了，最后通过集体力量赢得高分，这也证明了上一课中提到的约束对集体创意思维的影响。

游戏结束后，我让学生们谈谈他们从这次活动中取得了什么收获。他们都一致认为原有游戏规则最完美，这也是它几十年来一直深受人们欢迎的原因。同时，他们明白了规则的重要性，懂得即使是稍微改动都会带来很大的影响。我相信当他们日后成为管理人员或创意团队的一员时，他们会充分发挥规则的作用，制定出激励性的奖惩规则，或设计出利于产品推广的方案。

巧妙的激励制度可以带来意想不到的创意

美国食品药物管理局是由美国联邦政府授权，专门从事食品与药品管理的最高执法机关。1983年之前，由于罕用药（又称孤儿药）市场需求小，商业价值不高，而且它的研发、测试和推广需要公司投入巨大的财力和精力，因此有很多制药企业不愿意从事罕用药的研究和开发。鉴于此现象，为了鼓励罕用药的研发，美国食品药物管理局于1983年颁布了罕用药法案。该法案的出台对罕用药市场的发展起到了巨大的推动作用。

南希·艾萨克是一名律师，专门帮助医药公司将产品推向市场。在她看来，政府颁布罕用药法案就是要通过一系列的激励措施鼓励医药公司从事罕用药的研发。一般情况下，当某个医药公司率先研发出了一种新药，它对该药品只有2年或3年的市场独占期。但该法案将市场独占期的年限延长到了7年，也就是说，在7年内没有哪家医药公司能和它竞争，这对制药公司来说是个极大的诱惑。法案的公布，不仅促进了各大制药企业从事罕用药的开发，还催生了专门生产罕用药的公司。

看到罕用药法案的巨大推动力，美国的儿童组织为了鼓励儿童用药的研究，决定说服国会增加一项新的激励措施：从事儿童用药研发的公司，不仅享有7年的市场独占权，还可以得到一份美国食品药物管理局批准提前上市的凭证，而且公司拥有该凭证的自由买卖权。一般情况下，公司研发出一种新药后，要排队等待好久才能收到美国食品药物管理局批准上市的通知。如果这个提议被国会接受的话，大型的制药公司很可能愿意拿上千万美元来购买这份凭证，这将给儿童用药的研发公司带来巨大的经济利益，从而促使医药公司进行儿童用药的研究。

但是，美国食品药物管理局的有些规定却阻碍了医药或医疗器械的发展。乔什·麦考尔是名医师，也是位工程师，同时还是一个连续创业者，他成功地经营过几家医药技术公司。他认为美国食品药物管理局目前的某些规定严重不利于医药和医药器械的发展，他正在努力说服美国食品药物管理局修改规定，营造一个鼓励医药和医药器械发展的氛围。

目前，想引进一个新的医疗器械困难重重。比如，一方面，为了避免过多的利益纠纷，美国食品药物管理局对新医疗器械的临床试用要求特别严格；另一方面，当某种新器械后来被证明很成功时，当时批准它上市的官员却得不到一点奖励，反倒是批准上市的器械若有任何问题时，他们都要受到严厉的惩罚。由于以上原因，美国食品药物管理局官员在批准新医疗器械上市时就显得格外谨慎，宁可把好的医疗器械往后推，也不愿冒险误批以次充好的器械上市。从而我们就看到了一种奇怪的现象：很多美国发明的医疗器械很早就在其他国家推广了，但在美国本土却不被允许使用。

很多像乔什·麦考尔这样的医疗器械发明家，正在努力说服美国食品药物管理局更改现行规定，使先进的医疗器械更容易进入市场。近来，乔什就不断奔波于美国食品药物管理局和国会之间，试图让美国食品药物管理局的领导和国会议员接受他的建议。

很多时候，某些制度的出台原本是为了激励创新，结果却在实际操作中阻碍了创新。由艾拉·格拉斯主持的芝加哥公共电台广播节目《美国生活》在2004年有一期纪录片式的节目，节目主要讲述了一名小学教师凯西·拉·鲁兹的故事。自1993年到2004年的11年间，凯西都在芝加哥市的一家位于市中心的华盛顿·欧文小学教书。1994年，艾拉·格拉斯在制作芝加哥教育节目时第一次见到凯西，称她是自己见过的最优秀的老师。当时凯西在给二年级的孩子上课，她爱那些学生，学生也喜欢她。但是11年后，凯西却准备从学校辞职。这让艾拉·格拉斯很吃惊，决定再次回到凯西所在的学校，弄清楚凯西辞职的原因。当艾拉·格拉斯回到华盛顿·欧文小学时，眼前的巨大变化让他大吃一惊。

1994年，华盛顿·欧文小学是整个芝加哥市的模范小学。虽然当时学校面临着教育经费不足的问题，但这并没有阻碍学校的发展。学校的管理层希望能留住学生，激起学生的学习兴趣。为了实现这个目标，他们给教师很多自主权，允许他们自己掌握课堂教学。因此，老师们可以尝试各种各样的教学方法，帮助学生更好更快地掌握课堂知识。他们还经常召开家长会，了解学生在家的情况，和学生建立了良好的师生关系。师生都喜欢这样的自由环境，学生对学习产生了浓厚的兴趣，乐于待在学校里。

但是，11年后，曾经自由、活泼的学习氛围消失了，华盛顿·欧文小学完全成了另一副模样。9个月前，学校的校长换了。新校长为了加强教师的责任感，制定了一系列新的规定。比如，教师每天都要在教参的基础上，制订出详细的教学计划；每节课上课前把当天的教学重点写在黑板上；等等。这些规定的出发点是好的，但种种规定却严重扼杀了学校原有的自由氛围。一些像凯西·拉·鲁兹这样的优秀教师，在谈到大家要一起辞职时，都伤心地哭了。

在现实生活中，类似的事情在不断上演。有些规定的初衷明明是为了改善人们的表现，却以扼杀创意思维收场。因此，我们在制定规则时一定要格外小心，认真考虑它可能带来的后果。切记，小小的规则变动都会对我们的认知和行为产生巨大影响。

如果你不认同这点，那么仔细研究一下各国的大学入学制度对大学申请者的影响就会明白了。

以美国为例，录取学生时，大学不仅要看学生高中阶段的成绩单、美国大学考试ACT或SAT的成绩单，还要参考学生在高中阶段的社会工作情况。因此，为了能够达到大学的录取要求，学生在高中阶段就参加各种各样的社会活动，选修大量的课程，有的甚至请专门的老师帮他们按特定大学的录取标准，制订详细的备考计划。

另外，大学有自己的录取方案。如果有大量的申请者，为了限制录取人数，大学就会提高录取标准，筛选出更优秀的学生。因此，为了收到尽可能多的申请书，各个大学就积极进行对外宣传。随之而来的是，更多的学生提交了申请书，提高了淘汰率。为了保证有学校录取自己，学生往往同时申请几所不同的大学。这样就形成了美国独特的大学录取现象：一方面，学生在高中阶段大量选课，积极参加课外活动，同时申请多所大学；另一方面，大学积极做好自己的宣传工作，大量接收学生的申请书，却严格控制录取率。

与美国大学录取制度不同，在有些国家，如智利，学生能否被大学录取完全取决于一场一年一次的入学考试。所有考生的成绩按高低顺序依次排开，排得靠前的学生进入重点院校，排在中间的学生被中等高校录取，排在最后的学生很可能被所有高校拒绝。正是因为这样的录取制度，与美国高中生不同，智利的学生把所有的精力都用于平时的学习上，很少参加社会活动。

“你得到你所奖励的东西。”这句话在任何情况下都成立。

斯坦福大学哈索·普拉特纳学院主任吉姆·普拉莫称，领导整个教师队伍就好比要看管一群喜欢独居的猫，一点也不轻松，而他的一个方法就是充分利用手中的“猫食”，让所有的教师一起为学院的发展努力。比如，有些活动是学院发展所必需的，但不一定是教师个人所喜欢的，吉姆·普拉莫就制定了一系列的激励制度，鼓励教员多参与此类活动。持久的创新能力是一个学院综合能力强的重要体现。为了鼓励教师大胆探索目前公认的未知领域，学院为从事此类研究的教师提供了启动资金，从而使很多教师放心地开展此类研究，这也是学院总有新研究成果出现的原因。

如果你想让人们富有创意思维，就尽可能制定些鼓励创意思维的制度；如果你想让团队创意不断，就及时对他们的工作给予反馈，让他们知道你重视创新；如果你想构建创新型企业，就要把企业管理看成一种游戏，制定激励性的游戏规则，对员工的每次创新、每个贡献都积极地予以奖励。

第八课

创意力

激发团队创意

每一个成员都有巨大的潜能

如果你是位登山爱好者，要组队挑战珠穆朗玛峰，那么在正式登顶前，你大概需要一个月的准备时间。首先要在珠穆朗玛峰山脚搭建这次登山活动的大本营，堆放好帐篷、睡袋、食物、氧气瓶及燃料等各种登山所需品。然后，沿着登山路线，依次搭建3个前进营地，离峰顶越近，营地内的装备越简单。到最后一个营地时，里面的设备可以满足几个人的需要就够了，因为在最后冲刺峰顶前，登山队员都不会在那里待太久。在搭建帐篷的过程中，队员们就渐渐适应了珠穆朗玛峰的高海拔环境。

一支登山队一般由10名登山员和5名负责运输物资的尼泊尔人组成，但真正挑战峰顶的任务往往由2名最有可能成功登顶的队员和1名或2名尼泊尔人组成的小分队来完成。当一切准备工作就绪，这支小分队就带着所有人的期待和祝福踏上征服之路，如果他们顺利登顶，成功返回到大本营的话，整个登山队就算成功登顶。一直以来，全世界的登山队按这样的模式挑战珠穆朗玛峰已不下几百次，而且其他探险活动，如南极探险，也都是以这种模式为主。

但是，有没有其他的方式呢？智利宗座天主教大学的管理学教授、著名登山家罗德里格·乔丹曾面临这样一个问题。一次，他带领着一支由11名登山者和4名尼泊尔夏尔巴人组成的探险队来到仅比珠穆朗玛峰低332米的世界第四高峰——喜马拉雅山脉的洛子峰。当所有的准备工作都完成后，他们遇到了一个难题：该让谁代表大家去登顶?

因为登顶的挑战太大，路途中可能会遇到很多不确定的因素，因此，大多数情况下，只有最强壮、最有可能成功登顶的队员才有这个机会。但当时的情况是，罗德里格·乔丹从医生那里得知，所有的队员都有能力完成这个任务，而且都渴望登顶。这种情况是很罕见的，因为在这支探险队里有的队员曾登顶过珠穆朗玛峰，有丰富的登山经验；有的队员却是第一次挑战喜马拉雅山；有的队员已经到一定岁数，这次登山活动很可能是他的最后一次探险活动了；有的队员却很年轻，今后仍有大把的登山机会。但由于所有人都对这次登顶抱有极大的热情，使每个人都适合接受登顶的重任。

作为团队的领导者，罗德里格·乔丹有权指定让谁去完成这次任务，但是他决定做一件自己从未做过，而且其他登山队领导人也很少做的事。他把所有的队员召集起来，一起讨论谁才是最佳的登山者。经过几个小时的讨论，他们把每个人的优势、劣势对比后，仍未有结果。这时，最年轻的一名队员欧亨尼奥·盖兹曼——大家都叫他克欧——提议："为什么大家不都去呢？"这个建议很疯狂，因为每多一人登顶，就多一分危险。罗德里格·乔丹很清楚这点，在上次登山活动中他刚刚失去了一位好朋友，但是他决定试一试。

在确定食物、氧气等物资能满足所有队员登顶需要后，乔丹就决定让所有人——11名登山队员和4名尼泊尔夏尔巴人——都享有这次登顶的机会。

他把他们分为4个小组，规定每个小组要在前一个小组登顶成功时再出发。第一小组成功登顶后，乔丹有些动摇了，因为这时他完全可以取消其他小组的登顶计划，直接宣布这次挑战洛子峰成功，不过他没有这么做，而是仍坚持最初的决定。第二小组出发了，顺利；然后，第三小组凯旋；最后，乔丹亲自带领第四小组给这次登山行动画上了圆满的句号。

罗德里格·乔丹是位优秀的领导者。一般情况下，攀登顶峰的任务只会交给一两个最健壮的登山队员，更不用提不远千里赶来帮登山队扛东西的尼泊尔夏尔巴人了。但是，乔丹看到的是整个团队，认为每个队员——登山队员也罢，协作队员也罢——都应该享有攀登顶峰的机会。正是由于乔丹对登山队的信任，激发了整个队伍强大的信心，才创造了整个队伍冲刺顶峰的奇迹。但是说起来容易做起来难，重视每个队员并非一朝一夕就能做到的。

每个人理解事情的角度不同，工作风格各有千秋，工作目标有时也迥然不同。在日常工作中，我们太善于用统一的标准去评判他人，鲁莽地认为某些人更优秀，而另一些人太过普通。但是，一旦出现了突发情况，我们惊奇地发现，那些平时不被重视的人才是此刻真正的主角。在登顶之前，罗德里格·乔丹请一位心理学家给所有队员做了一次心理测试，顺利登顶后，整个登山队又接受了一次心理测试，测试结果让罗德里格·乔丹深感意外，登顶前不太被大家看好的队员最后竟成了大家钦佩的对象。这个例子就告诉我们：要重视身边的每一个队员，不要将他们片面化，不要轻易忽视队员的潜力。

由于时间、物资等各方面因素的限制，我不可能带领着学生一起攀登喜马拉雅山，因此我必须换个方式告诉他们团队合作的重要性。幸运的是，哈佛商学院研发了一款攀登珠穆朗玛峰的电脑模拟游戏。我让学生在课堂上以5人一组的形式来玩这个游戏。游戏中的登山小组由5人组成：一位组长、一位医生、一名摄影师、一名环保人士和一位马拉松选手，沿途共有5个营地，他们要一起合作共同完成登顶任务。

每到一个营地，他们都要做大量的工作。如为了确保下段行程的顺利，要检查身体，查询未来一段时间的天气状况，整理现有物资配备。有时还要应对很多紧急情况，像天气极度恶劣、某位队员突然生病、物资不足、个别队员跟不上大家的进度、队员的目标不统一，等等。

整个游戏玩下来用了一个多小时。结果是那些善于合作、沟通顺畅、搁置争议、能寻找彼此共同点的小组表现得最出色。在后来的讨论中，学生们明白团队合作并不是一件容易的事情，尤其在有困难的时候。优秀的领导者不仅要让队员不轻言放弃，更要保证所有队员有共同的理想、共同的方向。

“六顶思考帽”实现了思维碰撞

有不少很不错的思维工具，但我最喜欢的工具之一是由横向思维的创始人爱德华·德·博诺博士提出的“六顶思考帽”法。

“六顶思考帽”法是一种操作极其简单、经过反复验证的思维工具，它将人类的基本思维功能分为六类，一一介绍了各自的特点。我不久前在创意思维课堂上把它介绍给了学生，因为它不仅可以帮助学生更好地掌握课堂知识，还能成为他们今后解决工作中难题的好帮手。

爱德华·德·博诺博士将人类的六类基本思维功能用六种不同颜色的帽子来做比喻。大多数人一般都钟爱一种颜色的“帽子”，但有时也会换成其他颜色的“帽子”，也就是说，在很多时候，人们都习惯用一种固定的方式思考问题，很少变换思维方式。

·白色思考帽是中立、客观的，重视信息、数据，擅长逻辑思维。

·绿色思考帽偏爱各种可供选择的方案和新颖的念头，不满足于已有方案。

·红色思考帽重视对某件事或某种观点的预感、直觉和印象，带有很强的感情色彩。

·蓝色思考帽有纵观全局的气质，处理问题特别有条理。

·黑色思考帽代表谨慎、批判和评估，总试图发现方案或计划的不足之处。

· 黄色思考帽代表积极乐观，总能给大家带来欢乐。

我在课堂上做了一个实验，测试学生惯常的思维方式属于哪个颜色。在未进行测试之前，很多学生根据“六顶思维帽”的特点已经知道自己常戴哪顶“帽子”了。我要求学生下次穿上反映他们思维习惯的颜色的衣服来上课。我把穿着不同颜色衣服的同学分到一个小组，这样每个小组里共有六名学生；然后给每个同学一顶帽子和六个流苏，流苏的颜色分别是红、黄、蓝、绿、黑、白。

接下来，我给每个小组分配一个具有挑战性的任务，给他们两个小时的讨论时间，要求每人轮流用六种不同颜色的思维方式思考，并且使用哪种思维方式时就把那种颜色的流苏挂到帽子上。当他们依次用六种不同的思维方式后，就可以根据自己的喜好更改帽子上流苏的颜色，或是他们最擅长的，或是他们感觉做得最不好的。很快，小组组员之间就找到了共同语言，而且发现他们可以像更改流苏一样快速转变自己的思维方式。

“六种思考帽”代表了六种思维方式，几乎涵盖了所有思考方法，因此团队进行讨论的时候，就可以使用这种方法，鼓励队员从多角度思考问题，实现创新性解决问题的目的。比如，在会议刚开始的时候，负责人可以明确地让大家戴上白色的“帽子”，保持中立客观的思维态度，将问题的有关信息全部详细地列出来；然后，大家又换上绿色的“帽子”，要充分发挥想象力，提出尽可能多的解决方案；接着，大家又换上黑色的

“帽子”，从批评的角度出发，找出各个解决方案的不足之处；最后，戴上蓝色的指挥“帽子”，从整体的角度出发，选出最适合的解决方案。

我多么希望在很早之前就接触到“六顶思考帽”法。我常常无法与那些有不同思维习惯的人沟通，对同一件事，我和他们的看法总是迥然不同，这让我感觉很吃惊，也很尴尬。了解“六顶思考帽”理论之后，我才明白原来自己最习惯戴绿色的“帽子”，其次是蓝色和黄色的“帽子”，而那些我无法认同的人常常戴黑色或红色的“帽子”。现在，我可以和那些戴黑色或红色“帽子”的人愉快地相处了，因为我已经了解了他们的思维方式。同样，我发现“六顶思考帽”法也能很好地指导教学。当我明白某些学生常戴哪个颜色的“帽子”后，我可以很快地与他们达成共识，理解他们的想法，这样一来，教学就变得轻松、有趣多了。

我用“六顶思考帽”法指导我的工作、生活已经有6年了。我渐渐发现不同学科也有自己所钟爱的“思考帽”，而且往往学生自己最擅长戴的“思考帽”的颜色与他们所选学科所钟爱的“思考帽”的颜色是一致的。比如，电气工程的学生往往喜欢戴白色的“思考帽”，善于处理大量的信息；商学院的学生常常喜欢戴蓝色的“思考帽”，擅长统筹管理；文学院和戏剧学院的学生喜欢戴红色的“思考帽”，他们总是偏重感性、直觉，总能从情感生活中找到创作灵感。同时，“六顶思考帽”也说明了为什么要强调跨学科讨论，因为它不仅使不同学科知识实现融合，更使不同思维方式间实现碰撞。

有效沟通提升团队创意思维

计划不如变化快，无论你的计划多么完美，在实施过程中总会遇到这样或那样的阻力。

斯坦福大学哈索·普拉特纳学院就有一位心理学家朱利安·歌德斯科，他专门给团队领导和教练授课，帮助他们避开团队工作中常遇到的问题，指导他们怎样解决工作中遇到的难题。朱利安和他的搭档一起设计了一系列测试团队沟通能力的工具，这些工具可以帮助团队快速了解他们的沟通能力，帮助改善队员关系。很多团队在使用过这些工具后，发现队员关系改善了很多，团队的创意思维能力也得以迅速提升。下面的这几个问题就是选自朱利安设计的团队沟通能力测试表：

·你是否经常反思目前团队的互动水平？

·当团队遇到困难的时候，你是否会急大家之所急？

·你在给大家分配工作时，是否比别人做得更公平？

·遇到问题时，你是勇敢承担自己应担的责任，还是总是推脱给别人？

·你是否能接受不同的观点？

灵活改变团队组合方式

有很多关于团队组合方式与团队绩效关系的研究，此类研究往往有一个相同的结论：团队的任务不同，需要的组合方式也随之不同。

《纽约客》上曾刊登过一篇马尔科姆·格拉德威尔的文章，文章名字是《创意饼干大赛》。文章详细描写了美食家斯蒂夫·甘姆举办创意饼干大赛的经过。斯蒂夫·甘姆要求3个不同组合方式的团队在6个月的时间内设计出一种全新的、健康又美味的饼干。第一个参赛小组是由两名美食家组成的；第二个参赛小组的人数比较多，还专门选出了一名领导者；第三个参赛小组的人数也不少，队员也都是美食家，但没有领导者。实际上，第三个小组的组合方式是以一款软件上提供的模式为基础的，希望队员能在其他队员想法的基础上提出更好的建议。文章中把第三个小组称为“梦之队”，所有人都好奇这样的组合会带来什么样的效果。

6个月后，第二组以绝对优势胜出，而“梦之队”虽有大量漂亮的创意，却因为没有一个公认的领导者，小组陷入了争执、混乱、群龙无首的境地，人人深感疲惫。假如第三组在正式开始讨论前，先推选一位队员做大家的领导人，规定好比赛过程中每位队员该扮演什么样的角色，制定出一份详细的进度表，提醒队员各个阶段要完成什么样的任务，这样的话也许最后胜出的就是第三小组了。

游戏带来的创意

“创意饼干大赛”的确是研究团队组合方式与团队绩效的方法之一，但它耗时太长，我们完全可以用其他耗时短、游戏式的方法进行实验，如被大家所熟知的“棉花糖挑战”游戏。做这个游戏时需要准备的道具有：20根同样长度的硬面条、30厘米长的胶带、30厘米长的细线和一粒棉花糖。游戏要求：以小组的形式进行，每组通常由3名或4名组员组成；在18分钟内，小组自由发挥想象力，利用上述材料，搭建一个尽可能高的模型，但棉花糖必须放在模型最高端；哪个小组建的模型最高，哪个小组获胜。

汤姆·伍耶克是一位知名设计师和发明家，从幼儿园的小朋友到世界名企的CEO，他曾让不同年龄段、不同经济阶层的人们一起做这个游戏。在这个过程中，他发现这个操作起来并不复杂的游戏深刻地暴露了团队在解决开放式问题时容易犯的错误。仅仅玩十几分钟的游戏，就会让我们看到不同的团队组合方式会给团队解决问题的能力带来多大的影响。

往往刚毕业的商学院学生在游戏中表现得最差。用汤姆的话说就是：“整整18分钟，他们一直在争执，一直站在自己的立场，试图说服别人，不懂得合作，当然他们无法设计出漂亮的模型。”但由CEO们组成的小组表现得就好很多了，如果其中有一位是行政总监的话，他们的表现会更好。“行政总监能促进团队更好地合作，不断提醒大家还剩多少时间，鼓励队员之间多沟通，提倡创意思维，这使团队的表现大有改观。”汤姆说。

表现最好的是小朋友们。他们真正地把“棉花糖挑战”当成游戏来玩，大胆尝试各种搭建方法，从中选出最成功的方案。由此可见，游戏的意识对团队表现有极大的影响。以轻松的心态面对任务时，你能得到无限的乐趣，自我感觉也会很好，也更有创意思维。用《超人总动员》和《料理鼠王》的导演布拉德·伯德的话来说就是：“最能影响电影预算的不是能筹到多少钱，而是团队的士气。如果团队的士气很低，那么你花了1美元，只能得到25美分的回报；如果团队的士气高昂，同样的1美元，却可以有3美元的收获。所有的企业都应该学习怎样提高团队的士气。”

组织心理学家马歇尔·洛萨达花了10年时间，密切观察全球领先的信息技术服务公司EDS的不同管理团队如何规划年度战略计划。观察者们对这些管理团队的会议进行录像，并对肯定行为（如讲出“这是一个好主意”）以及否定行为（如讲出“这是我听过的最愚蠢的事情”）计数。其他研究者根据利润水平、顾客满意度、同事认同度等标准，把这些管理团队分成低档、中档和高档三类。接着，洛萨达把这两种研究结果放在一起进行比较。

结果发现，15个高档团队中平均每1个否定行为就有5.6个肯定行为与之对应。19个低档团队中肯定行为与否定行为的比率仅仅是0.363。也就是说，他们平均每1个肯定行为对应着大约3个否定行为。由此，洛萨达提出了著名的“洛萨达比例”。如果团队的肯定行为与否定行为的比率高于

5时，团队就会生机勃勃，队员关系也会融洽；如果比率在2左右，团队的创新能力一般；如果比率低于1，队员关系就会恶劣，企业很可能倒闭。

在营造高洛萨达比例的环境时不能忽视游戏的作用。但这并不是说让你真的领着队员做些愚蠢的游戏，而是强调要培养一种游戏式、有趣的、激励大家大胆创新的工作环境。我自己就特别喜欢以轻松、游戏的方式解决问题。比如，我要向学生介绍知名企业的内部文化都有什么特点，本可以围绕这个话题自己或请几个知名企业的高管给学生做一次讲座，但我没有这样做。我请来几位名企的高管，把他们分在一组里，学生为另一组；我作为主持人，就公司招聘标准、团队建设和创新意识等方面向高管提问，他们可以如实回答，也可以编造答案；然后让学生判断他们给出的答案是否属实。整个过程中，每个人都愿意积极参与，他们学到了很多在呆板的、讲座式的环境里不可能学到的东西。

美国西北大学心理学家马克·比曼最近做了一个神经学实验。他让实验对象在猜字谜之前先看一段视频，第一组实验对象看的是喜剧巨星罗宾·威廉姆斯主演的幽默节目；第二组实验对象看的是一段恐怖电影或无聊的电视剧，结果，第一组在做猜字谜游戏时远比第二组表现得出色。这也表明积极的心理状态有利于人们创造性地处理问题。

由于个人能力有限，很多创新性成果往往都是集体智慧的结晶，因此培养合作型人才就成了必然趋势。遗憾的是，目前的教育制度很难满足这个要求。

我最近读到一篇评判性文章，通篇都是在大谈特谈学生怎样在考试中作弊。我强迫自己将文章中提到的各种作弊现象列下来，但当我写到一半的时候，突然发现所有这些所谓的作弊行为实际上在不同程度上都是集体合作的缩影！如果我们想把创新意识纳入教育，就必须鼓励学生学习怎样与他人合作，怎样构建合作型团队。也就是说，现行的教育体制需要改革，需要重新定义“成功”。

学校本应该是培养学生创新精神的殿堂，而不是生产一台台记忆机器的工厂。一套套有标准答案的试卷测不出学生的合作能力，一场场呆板的考试教不出举一反三的应对能力。真正的课堂应该抛给学生充满挑战性的难题，迫使他们学会与他人合作，学会充分利用身边一切可以利用的资源。只有这样，当他们再从学校出来时，他们就不再害怕变通，可以信心满满地应对未来生活的一切问题。

那些真正擅长合作的人，如运动员和交响乐团的乐手，都懂得何时保持自我，何时服从集体，何时自愿抛弃个人利益为集体利益服务。但与运动员和乐手不同，大多数人在早年的教育中没有接触过这些，所以当遇到问题需要集体合作时就束手无策，更有甚者，一辈子也不曾拥有这种能力。

想要建立一个富有创新精神的集体，团队的组合方式就显得尤为重要。首先要尽量避免队员都是同一类人，多选择工作风格迥异、对问题有独到见解的队员，碰撞才会有火花。其次，努力营造一种轻松的、游戏式的工作环境，鼓励积极的反馈行为，只有这样的团队才能利用一切可利用的资源，表现出强大的创意性思维能力。

第九课

创意力

大胆尝试才会有创意产生

敢于尝试更容易出新

爱迪生在发明钨丝之前，已经尝试过6000多种纤维材料。他有句名言："我从未失败过，每次失败都只是排除了一种不适合的材料。"爱迪生很清楚不成功的实验不等于真正的失败，它只是让你向成功又迈进了一步。很多伟大的发现都经过无数次的失败，然后在似乎"偶然"的情况下诞生，如青霉素和X射线等，这也正是科学的魅力所在。正如量子力学的创始人马克斯·普朗克所说："科学家的每次实验都是在向自然提问。每次的实验结果，不论理想与否，都是自然给出的答案。"

创新同科学研究一样，都是做前人从未做过之事，因此创新活动就是另一种形式的实验，有时你完全无法预测前面等待你的会是什么。幸运的是，人生本身就是不断尝试、不断失败、不断成功的过程。从呱呱坠地那刻起，我们就用哭、笑来观察周围人的反应；两三岁时，经过不停的跌倒爬起，再跌倒再爬起，才学会了走路；上学后，经历了一次又一次的尴尬和欣慰，才学会了读书、写字，才懂得何时该倾听，何时该交谈。没有谁的人生是早已写好的，每天都有很多机会让我们尝试新体验，但不管结果是否尽如人意，它都为更好的下一次奠定了基础。

是否敢于大胆尝试新的事物，不仅取决于个人的心态，也与企业文化有关。任何人要想有所创新、有所作为，就必须摆正心态，放下担子，大胆尝试全新的事物，即使根本无法预测结果。同样，要想构建一个充满活力、富有创新精神的企业，首先要培养一种重视尝试、鼓励尝试、不怕尝试的企业文化，让每个员工都可以放心地尝试新事物，不用担心失败会遭惩罚。态度和文化是“创意引擎”模式里提到的两个重要的要素，它们共同决定着个人或企业能否点燃创意引擎，发挥无限的创造力。大量的例子告诉我们，只有不断创新才能不断发展，才能不被市场淘汰。因此，所有的企业都应该努力营造一种“大胆尝试，敢于失败”的文化氛围，每个个体也要培养爱迪生式的态度，正确认识失败的价值。

遗憾的是，传统的教育模式和企业文化并不鼓励，甚至有时还会故意扼杀我们的探索欲。学校里，老师站在讲台上口若悬河，学生坐在座位上低头不语，一片死气沉沉；公司里，老板如牧羊人指出前进的方向，员工像温顺的羊羔从令如流，听不到一声创新的呐喊。

麻省理工学院认知学博士劳拉·舒尔茨一直从事儿童认知方面的研究，她最近发现，直接告诉他人怎么做会降低他们的探索欲，遏制他们的好奇心。《纽约客》的著名特约编辑乔纳·莱勒曾详细介绍了舒尔茨博士的研究过程，下面一段内容就节选自乔纳·莱勒的文章：

根据实验目的，研究人员专门设计了一种新玩具。这个玩具由4根不同颜色的塑料管组成：当你拉黄色的管子时，它会发出吱吱的叫声；当你按蓝色管子旁边的按钮时，它就会亮起来；当你往黑色管子里看时，会发现里面有一面小镜子；当你拍红色管子下面的垫子时，就会听到美妙的音乐。实验对象都是4岁的小朋友。为了研究直接引导与自主探索之间的关系，研究人员把小朋友们分为两组，分别用不同的方式向两组的小朋友们介绍这件新玩具。

在第一组里，研究人员假装刚刚在地板上发现这件玩具。在让小朋友看这件玩具时，装作无意中拉了一下黄色的管子。听到管子发出了吱吱的声音，研究人员假装很吃惊地说："哇，你们听见吱吱的声音没？我再试一次。"与第一组不同，第二组的介绍方式就正式得多了。像老师一样，研究人员很正式地告诉小朋友："我今天拿来一件新玩具，下面我给大家展示一下怎么玩。"接下来，研究人员故意拉了一下黄色的管子。

介绍完新玩具后，研究人员就把玩具留给小朋友，让他们自己玩。果然，所有的小朋友第一次拉黄色的管子，听到吱吱声时都笑了，但接下来两组小朋友的表现却大有不同。在第二组的小朋友很快就对这件新玩具不再感兴趣时，第一组的小朋友仍兴趣盎然地研究它，并不断发现了其他管子的功能。

研究人员称不同的引导方式决定了两组小朋友不同的表现。当研究人员明确告诉第二组的小朋友该怎样操作这件玩具时，小朋友们潜意识里认为这件玩具只有这一种操作方法，好奇心顿减，不再去主动探索它是否还有其他功能。这样他们的好奇心是很容易被摧毁的！

没有足够多的尝试，就不会有伟大的创新

时刻记住，每一件小事——把自己介绍给陌生人，或换个午餐菜单——都是一次尝试。这点很重要，我们正是在一次又一次类似的尝试中渐渐学会怎样与人相处的。受过良好训练的科学家深知这个道理。无论结果如何，他们都会精心设计每一次实验，因为他们明白从没有真正失败的实验，所有成功的实验都是建立在以往不理想的实验基础之上的。我们也要像科学家那样，重新定义失败。没取得理想的结果不是失败，不懂得怎样从上次的尝试中汲取经验才是真的失败。把每次尝试当作通往成功的阶梯，你会发现一个不一样的你!

每一次成功的创新背后都是无数次的尝试、无数次的淘汰。创新的过程就是不断尝试、不断筛选、不断淘汰，最终成功的过程。因此，不要害怕尝试。没有足够的尝试，就不会有伟大的创新。

美国专利商标局每年会收到200万份申请书，但只有极少数专利能最终取得巨大的商业利益。专利商标局主任理查德·莫斯柏曾说过："每年大约有150万份申请可以得到批准，有商业价值的大概只占到2‰，也就是3000份左右。"不要被这么低的成功率吓到，不要泄气，因为至少还有2‰的专利项目能取得成功。如果没有支持大胆创新的氛围，这些原本可以取得成功的专利就永不可能出现。

全球"技术领域"投资之王、风险投资四巨头之一的维诺德·科斯

拉称，他的公司——科斯拉风险投资公司的每次投资活动都是冒着巨大的风险的，有时仅有1%的成功把握。但如此低的成功率并没有吓退维诺德·科斯拉，他愿意用99次失败去换1次成功，因为只要成功一次，就会带给世界一次全新的冲击。

每一位优秀的发明家或企业家的成功都不是一蹴而就的，反复尝试才能造就一次成功。Facebook以10亿美元收购了图片分享软件Instagram，该软件是由同名的Instagram公司研发的。最有趣的是，Instagram公司当时还只是一家只有13名员工，成立仅十几个月的创业型公司。Instagram公司的两位创始人凯文·希斯特罗姆和麦克·克瑞格称，最初他们是想设计一款名为“Burbn”的好友定位软件，但Burbn推出后市场的反应并不理想，因此，他们决定尝试在好友定位功能的基础上再添加一些其他功能。遗憾的是，一项又一项的新功能都未被市场认可。就在这时，他们发现用户很喜欢其中的一项“瞬时拍照，随意处理，快速上传”功能。于是，凯文和麦克决定抛弃其他功能，专门研发这项图片分享功能，不久，图片分享软件Instagram诞生了。

Instagram软件具体是怎样操作的？它是一款安装在手机上，专门用来拍照、上传照片的软件。把它安装到手机上，打开之后，点击“分享”按钮，就进入了拍摄界面；然后从软件提供的LOMO、泛黄旧照片等12种编辑效果中选出自己最喜欢的编辑效果；最后一键上传到Instagram界面，分享给自己的好友。该软件才推出2个月，就拥有100万名用户；12个月后，用户人数飙升到1200万。凯文和麦克进一步完善Instagram软件，用照片把全世界陌生的摄影爱好者联系了起来。

如果凯文和麦克在Burbn推出时就放弃的话，就不会有后来的Instagram软件的诞生，正是不怕一次次的不成功尝试，才有了今日的成功。当然，没有人愿意失败，但凡是想要有所成就的人都必须经得起失败的考验。凯文也讲过，当初放弃那些不被市场认可的其他新功能时，也是充满不舍和无奈，毕竟在上面花费了大量的精力和时间。幸运的是，凯文他们懂得怎样从每一次的尝试中汲取营养，努力使下一次的尝试更成功。

不仅是高科技产品的诞生需要反复尝试，任何事情都一样，如影视作品。大卫·巴里和雷德里·皮尔森的小说《彼得与摘星人》被改编成音乐剧，在纽约大受追捧，并且在第66届美国话剧和音乐剧的最高奖托尼奖上荣获9次提名。该音乐剧是一部低成本作品，没有高档的演出服、华丽的布景和慷慨的赞助商。它的成功更多靠的是剧组在三十多个夜晚不厌其烦、反反复复的修改，每句台词、每场布景都不止一次地修改重来。

写作也是如此。就拿这本书来说，我敢肯定地讲，每写三段话，很快我就会删掉其中的两段，因为总有新想法产生，新的表达方式出现。我的书房里到处都是被抛弃的文本和被改得面目全非的稿子，如在序言部分提到的“创意引擎”模型就被来回改了不下10次，而且序言部分我曾写了7个不同的版本，让我的编辑从中挑选出最适合的一个版本。的确，看到自己辛辛苦苦写出来的东西片刻间就被删掉，我也深感不舍，但是我知道，只有这样才能保证最终的出版效果。正如著名的美国小说家威廉·福克纳所说：“写作的时候，不管你已经写了多长，只要不合适都必须删掉。”

福克纳的观念实际上与达尔文进化论的主张是一致的。进化论强调大自然在物种进化过程中的巨大作用，提出“物竞天择，适者生存”的说法。自然界中的动植物都存在变异现象，每次生物变异就好比自然界做的一次实验，只有那些完成了适应环境变化的变异的个体保留下来，不具有此类变异的个体就被自然界淘汰掉。所以，在生活和工作中，大胆尝试，把每次不成功的试验当成是一次淘汰赛，淘汰赛越多，离成功就越近。

鼓励学生在尝试中学习，在试验中成长的学校很少，但加利福尼亚州有一所这样的学校。这所学校名叫“修补学校”，是由电脑专家吉佛·图利创办的。招收的学生小的有8岁，大的有17岁，它的办学理念是让学生在“胡闹”中学会如何建造东西。学校给学生提供各种各样的常用工具和建筑材料，如锤子、木板、钢丝等，然后让学生亲自动手，把脑海里的模型建造出来。学生不用担心自己的想法会被嘲笑，相反，越另类、越新颖、越突发奇想的点子越受欢迎。在亲自动手的过程中，学生发现很多设计在脑海里时特别漂亮，但建好后却变成了另一副模样；然后大家一起讨论，找出问题的所在，指出需要改进的地方，努力使下次的实验更成功。

无独有偶，美国的欧林工程学院也是让学生在动手实践中学习理论的。所有的课都在实验室里进行，在获悉每节课要掌握的知识点后，学生自己设计一个方案，亲自寻找材料，建造一个模型来加深对相关知识点的理解。我最近曾到欧林学院参观过一次，在那里，我看到学生亲自设计、制作的无创血氧浓度检测仪。在没有任何人的指导下，学生设计的检测仪竟与现行的临床上使用的血氧测量器格外相似！这种新颖的教学方法不仅锻炼了学生的动手能力，激发了他们的创新思维，更培养了学生的自信心。

当然，学生在动手过程中不可避免地会遇到失败，但正是失败考验了他们的创造力。在一次次对失败的分析中，他们学会了怎样从失败中汲取营养，怎样设计出更好的方案，这种能力无疑有助于他们在今后的生活中更好地处理其他复杂问题。

失败也能带来的意外创意

所有真正的发明家都懂得失败的价值，前面不止一次提到的米尔·伊姆兰曾说过："失败是忠实的伴侣，而成功是偶尔的访客。"米尔把失败看作是通向成功的阶梯，他认为失败和成功仅有一步之遥，关键在于我们能不能从失败中吸取经验。失败和成功是紧密联系在一起的，对米尔而言，"祸兮福之所倚，福兮祸之所伏"，持久的成功必定存在隐患，连续的失败必然酝酿成功。最重要的是正确看待失败，只要不惧怕失败，善于从失败中学习，总会获得意想不到的成功。人生就是不断尝试的过程，这个道理也适合于生活中所有的大小事。

科学上的每一次实验，生活中的每一次尝试都有失败的可能，都有一定的风险，因此为了让学生学会正确看待失败，我和我的同事莱蒂西娅·布里托斯成立了一个实验室，名字就叫作“失败没关系”。实验室里面挂着气球、彩练等装饰品，充满狂欢节式的欢乐氛围。在实验室中央依次矗立着4间小隔间，每个隔间都类似于一个游戏室，如第一个隔间属于智力大冒险，第二个隔间是关于金融大冒险，第三个隔间涉及情感大冒险，第四个隔间进行体力大冒险。学生可以单独或集体挑战任一冒险活动，而且每间隔间都装有“冒险指数计算器”，它根据学生的表现可以精确地计算出在多高的指数时他们感觉最舒服。设计这些冒险活动的目的就是让学生了解他们在不同的情况下对风险的反应以及对失败的态度。

在智力大冒险环节，学生要解决一系列开放性的、需要发挥想象力才能解决的问题。要想回答好这些问题，学生就必须开动脑筋，自己找到答案，因为没有任何现成的答案可供他们参考。下面这几个问题就是从智力大冒险环节里随机抽出的，参考答案你可以在本课结尾的备注部分找到。现在，如果你来回答这些问题，会用多长时间呢?

1.在“March（三月）”和“April（四月）”这两个月的中间部分你会发现什么?

2.有两个人在树林里迷路了，然后一人径直往北走，另一人一直往南走。奇怪的是，15分钟后，他们又碰面了。这是怎么回事？

3.一对姐妹各有一个小孩，巧的是两个小孩年龄大小刚好相差一个小时。其中一个小孩在晚上出生，另一个小孩在上午出生。这该怎么解释？

4.篮子里共有6枚鸡蛋，然后6个人各自从中拿走一枚鸡蛋，结果篮子里还有一枚鸡蛋。这是怎么回事？

在金融大冒险环节，学生要挑战一款赌博游戏。这款游戏是我的同事莱蒂西娅设计的，学生要玩这款游戏就必须先押5美元做赌注。游戏规则是难度越大，赌注越大，但奖励也越多，只不过获胜的比例也越小。有的学生愿意把5美元全押上，直接挑战最难的一关，希望赢得最大的奖励；有的学生更喜欢慢慢过关，每次用小赌注赢取小额奖励。

在体力大冒险环节，学生可以表演魔术球或者其他杂技，我们会详细记录下他们在比赛前、比赛中和比赛后的反应。当然，如果让学生尝试空中跳伞或者高山滑雪活动的话，测试效果肯定会更好。但出于安全考虑，我们更愿意选择这种安全的方式。

最后，在情感大冒险环节，我们要求学生自制一张卡片，然后在上面写上自己的一个秘密。这个想法还是受到PostSecret网站的启发，PostSecret让注册过的会员在一张明信片上写上自己的一个秘密，然后这些明信片被网站随机发给位于全球各地的某个会员。几乎所有的学生都参加了这个大冒险活动，15分钟刚过，我们就收到很多设计精美的明信片，上面的秘密有关于担忧的，有关于爱情的，还有关于自身缺点的。随后，我们让学生认真地谈谈他们对风险、尝试和失败的看法。经过这一系列的冒险活动和谈论，学生们意识到，即使在低风险的课堂环境下，有些事还是比其他事更容易完成，而且每个人都有他自己独特的应对风险的办法。

关注信息反馈，及时调整定位和方向

怎样才能构建一种具有冒险精神、不畏尝试的文化呢？最好的办法莫过于在鼓励尝试的同时，也重视信息的及时反馈。这一点尤为重要，因为人们在一个想法上逗留得越久，就越不舍得抛弃它。要鼓励员工大胆地将未成熟的设计或产品展示给大家，这样才能根据大家的反馈，及时选择继续研发还是果断抛弃，从而避免了到最后一刻才知道它不适合的无奈。遗憾的是，大多数的公司提倡将设计或产品打磨得无可挑剔后再予以公布，带来的结果就是，由于公司已经在该设计或产品上投入了大量的精力、资金，一旦发现不成功时，很难忍痛割弃它们。

佩吉·伯克带领的1185设计公司在这方面就表现得特别出色。1185设计公司位于加利福尼亚州帕罗奥多，主要业务是给各行各业的企业设计商标和网站。1185设计公司的客户往往都是像奥多比（Adobe）、思科

（Cisco）、思爱普（SAP）、赛门铁克（Symantec）和星佳（Zynga）之类的全球知名企业。每当接到一个新任务时，公司就派出12名设计师认真听取客户的介绍及对设计的要求。几天后，他们每人要拿出不低于12种的设计方案，大家一起讨论。第一次淘汰掉其中大部分的设计方案，并对剩余的方案提出各自的改进意见。参考改进意见，设计师对剩余的方案进一步修改，不久后就把它们全部拿给客户。第二次淘汰掉修改后的一些设计方案，修改保留下的方案，然后第三次淘汰，如此反复，直到客户满意为止。

另一个例子是关于伊莉斯·鲍尔的，她创建了一个烹饪类网站，名字叫“简单食谱”。目前这个网站的月访问量已过百万，成为全球最受欢迎的烹饪类网站之一。这个网站背后还有一段故事，我和伊莉斯已经认识几十年了，她不幸患上了慢性疲劳综合征，终日无力，有时一连好多天都无法下床。2003年的时候，伊莉斯认为她现在唯一有力气做的事就是写作，于是决定创建网站试一试。一般我们一次创建一个网站，相反，伊莉斯一次性开通了5个不同的网站，这5个网站分别是关于音乐、书评、销售、平时随想和日常饮食。伊莉斯希望通过一段时间的观察，发现人们最关注哪类网站和自己最喜欢写哪类文章。

网站开通后不久，伊莉斯就发现了一些问题：

第一，她感觉自己很难把握住音乐的神韵，很难用文字把音乐带给人的感动描述下来。

第二，写书评的效率太低，因为认真读完一本书需要大量的时间，而且网站长期不更新的话，访问量就会陡减。

第三，尽管开通烹饪类网站的本意只是想记录下每日自己的饮食，却没想到访问该网站的人越来越多，甚至有些菜谱在谷歌上的访问量已经跃居第一位。根据这些反馈信息，伊莉斯决定放弃其他4个网站，专心经营烹饪类网站。

但伊莉斯并没有就此停步，她不断尝试，不断根据访客的反馈信息完善网站。比如，每当更新一个菜谱或上传一张照片时，她都会留意访客的留言，看菜谱描述是否不够详细或过于详细，照片拍摄角度是否太近或太远，甚至她还关注网站上的广告和网页导航条的位置。

不久后，她就学会如果哪个菜谱不太被大家欢迎的话，可以把它换成家居生活温馨提示；如果哪个菜谱完全不受大家喜欢的话，就把它删掉。经营网站的日子其实每天都充满着惊喜，有一次，伊莉斯发布了肉桂面包的做法，没想到深受访客的喜爱。原来大家都喜欢怀旧类的食谱，因为它能勾起对童年的甜蜜回忆。伊莉斯认真查看并回复每一条鼓励或批评的留言，因为她知道所有这些反馈信息对于她进一步完善网站有着无价的参考价值，能让她的网站更加出色。

从简单的尝试开始，只要坚持每天练习，不久后你就会养成不怕尝试的习惯。在我小的时候，父亲几乎把日常生活中的每件事情都设计成了实验。比如，全家一起出去吃晚饭，饭菜准备好后，父亲会把我们姊妹几个的眼睛全蒙上，让我们区别绿橄榄酱和黑橄榄酱，而且父亲不会立刻把结果告诉我们，一定要等到大家都猜完后才说。有时，如果我们姊妹当中有谁忘了盖牙膏盖了，父亲就会把我们叫到一起，站成一排，逐个提问。

刚开始父亲会问些“你叫什么名字”“你的生日是什么时候”之类的问题，然后才问“是不是你忘记盖牙膏盖了”。父亲一边问，一边测我们的脉搏，如果谁在回答问题时脉搏跳动加快了，就说明她在撒谎。将日常生活游戏化，不仅可以增加生活的乐趣，还可以使你喜欢上尝试。

下面我们再一起来看一个实例。

Chegg是一个为大学生提供服务的网店，主要提供便宜的教科书和日用品。Chegg刚成立时是一个在线大学公告栏，同真实的公告栏一样，大学生可以在上面发表任何求职、出游等信息。但在试用版推出后，市场反应并不理想。

于是Chegg的创始人开始认真分析从试用者那里得来的反馈信息，他们发现很多试用者发表的公告都是关于旧书处理的。有了！他们决定重新定位公司的发展方向，抛弃求职、出游等板块的开发，专门从事旧书处理板块的研发。

经过一段时间的潜心研究，Chegg创建了一个名叫Textbook Flix的网站。实际上这个网站还属于半成品，里面还没有一本可供租赁的图书，当有订单时，他们再从亚马逊网上购物商城订购，并且把图书直接快递到学生手里。Chegg的创始人之所以要推出不成熟的Textbook Flix，就是为了提前了解市场的反应。没想到这种方式很受大学生的欢迎，Chegg很快就成了全美最大的大学生教科书租赁服务公司。假如Chegg的创始人在第一次尝试失败后不认真分析市场反馈信息，不及时调整公司定位，就不会有今天的Textbook Flix。

行动要快，创新要速

创新性公司Facebook的前营销总监兰迪·扎克伯格称，Facebook里的每个员工都秉承一个信条：“行动要快，创新要速。”对Facebook而言，为了快速地发布产品，必要的时候宁可牺牲一部分细节。公司的领导人很清楚，每个新产品成功的概率是20%，也就是说每4个新产品中最终能成功的只有1个。因此，为了提高成功的概率，他们鼓励员工不断地大胆尝试各种新想法，而不是一直埋头于某一个或早已推向市场的成型产品。

Facebook的这一理念深深地反映在公司内部每月举行一次、人人都可参与的“黑客马拉松”活动中。公司每个月都会抽出12个小时——从晚上8点到第二天上午8点——让员工依照他们自己的新创意开发产品。然后在活动结束前5分钟，员工以个人或团队的名义向大家展示他们的产品。每个月都有上百名员工参与其中，研发10多个新产品。新产品种类繁多，有的设计了一种另类的壁画，有的研发了一款新颖的程序，但其中不乏很多有价值的创意，如在线聊天工具，Facebook聊天室就是在这里诞生的。

另一个有价值的创意也是在“黑客马拉松”活动中诞生的。有两位设计师，在刚参加该活动的时候没有任何创意，经过与同事的交谈，他们决定设计一种新型的读卡器。这种新型读卡器最大的特点是你在用卡签到时，它会自动扫描卡上的照片，然后将照片发送到你的Facebook上，并且在你的照片旁边显示一只小鹿。这个创新看起来有点搞笑，但当他们在第二天早上向其他人演示的时候，在场的很多设计师都认为这项新技术有极大的推广空间。目前这项技术已经被应用到会议的签到中。

“创业周末”活动也是一个体现“行动要快，创新要速”理念的好例子。

创业周末是美国最成功的创业实践平台之一，它的口号就是：“不要争论，让行动说话！让公司腾飞！”旨在让有理想、有抱负、有创意的人们在这里实现创业梦想。活动时间一般是从每周五的下午6点开始，到周日的晚上8点左右结束，共54个小时。

在这54个小时之内，有创业想法的参与者先通过简短的演讲介绍自己的创业点子，鼓励其他参与者加入自己的团队；有创业或管理经验的参与者可以从中选择自己的合作伙伴，组建一支团队。然后在接下来的两天里，所有的团队都要亲自动手，将团队的创业点子转化为一个可行的产品。最后，在周日的晚上，各个团队向大家展示他们的产品，接受所有裁判的投票，最终赢得最高票数的团队将受到主办方的奖励。目前，“创业周末”已经走出了美国，遍布全球30多个国家的100多个城市。

很多全球知名企业在大力发展核心业务的同时，也一直努力培养团队大胆尝试的意识。

就拿谷歌来说，自2003年以来，谷歌一直在内部实行“70—20—10原则”：将70%的力量投入到核心业务，20%的力量投入到相关业务，10%的力量放在探索业务上。在这样的激励体制下，谷歌可以大胆地尝试一些高风险的业务。比如，2010年谷歌研发了7辆无人驾驶汽车，车上安装有激光测距仪、视频摄像头、车载雷达、微型传感器等高科技产品。无人驾驶汽车的正式推上市场不仅需要大量的高科技支持，还需要有新的法律保障。因为现有法律规定车辆的驾驶者必须是人类，因此，谷歌目前并不能从这个项目中获得很大的经济利益，但一旦有了法律保障，前景将是不可估量的。

上面提到的所有例子都在说明一个道理：每一次尝试，不论结果是否如你所愿，都为下一次尝试提供了宝贵的信息。没有人愿意失败，但在创意思维过程中失败是不可避免的，失败是通往成功的阶梯。因此，要正确看待失败，学会从失败中汲取营养。正如福特公司创始人亨利·福特所说："失败实际上是提供给你一次比上次更理智开始的机会。"要想发动起自己或集体的创意引擎，那么就必须有不怕失败的态度和鼓励大胆尝试的文化氛围。

备注：

1．在"March"和"April"这两个月的中间部分是字母"r"。

2．这两个人是相向而行。

3．一个小孩在新加坡出生，出生时间是当地的晚上8点，另一个小孩在伦敦出生，出生时间是当地的中午12点，而新加坡和伦敦的时差是8小时。

4．6个人各拿走了一枚鸡蛋，但盛鸡蛋的篮子是其中一个人的。

创意力

第十课

阳光心态更有机会获得创意思维

创意思维更钟情有成功信念的人

随着越来越多的学生意识到创新的重要性，申请创意思维课的人也随之增多，但由于我们的名额有限，很多学生都未能如愿。

去年我收到一名学生的邮件，邮件上说他没有被录取，希望我能给他一个解释。一般情况下，申请创意思维课的学生都要参加一个课堂游戏，并自己设计一款皮书套。我很礼貌地给他回了一封邮件，详细地说明了我们的录取标准。不久后，我又收到他的第二封邮件，这次他提出了一个不同寻常的要求，请求我给他一个具体的解释，还称他学习非常刻苦，入学时还获得了奖学金。

我可以理解他的心情，想给他点帮助。我很认真地给他回了下面一段话：

如果你真的很想修这门课，却又没申请成功的话，别泄气，只要坚持在课堂上出现就行了。开学第一周的时候，很多学生会因为各种各样的原因放弃这门课，那时如果你还在教室里，你就绝对可以如愿修到这门课了。

没想到他的回话是：

谢谢你的建议，但我想没有学生会放弃你的课的。

我整整几分钟一直静静地看着他的回信，然后回复道：

你说得很对，没有人会中途放弃我的课的。

我给他递了一双水晶鞋，他却把它们抛到一边。

与此形成鲜明对比的是另一名学生，在收到上一个学生的邮件的当天，我也收到了这位学生的邮件。她也没有被录取，但她的邮件内容完全透露出另一种态度：

上一节课我有幸聆听了您的创意思维课程，从中学到了很多有用的东西。如果可以的话，我能不能再去旁听一次您的课？我深信下节课肯定会特别棒。

我同意她可以过来旁听第二次课，和预期中的一样，有人中途退选了，这位女生就顶替了那位学生的名额。

这两位学生都很优秀，但他们之间最大的区别就在于对待问题的态度。

第一位男同学在心里已经深信他不可能被录取，所以当我主动给他抛出橄榄枝的时候，他也视而不见。

第二位女学生就不同了，在已被淘汰的情况下，她仍主动为自己创造机会。事实上，任何时候都相信总有一个解决办法是成功解决问题的前提。正是因为很多人先在心里种下了消极的种子，才使他们在处理大小事时往往不能如愿，甚至在别人主动提出帮助时，也无法赶走他们内心“注定失败”的悲观态度。

2010年我第一次去日本，在那里我深刻地感受到悲观态度对人的影响。几乎我遇到的每个人都会对我说这样的话：“日本的经济仍处在已持续了20年的大萧条阶段。”在听了不下10次这样的话后，我意识到这种看法已经在日本人脑海里扎根，不容易改变了。媒体、学校每天都在重复这个观点，甚至父母也不断在加强这种说法。而二十几岁的年轻人每天被迫生活在这样的环境里，这种说法像一个咒语，每时每刻都在吞噬着年轻人的乐观和激情。只要这种观念仍在持续，他们就不可能创造性地解决眼前的危机，即使有人现在将机会摆在他们面前，他们也不可能抓得住。

有时，换个表达方式就能彻底改变你的态度。

Facebook的前营销总监兰迪·扎克伯格曾把她带领的团队由原来的“消费者营销”更名为“创意营销”。不要轻视这一小小的改动，它将会给整个团队的工作态度带来积极的影响。尽管当时还没有其他人知道他们改名的事，所有队员都已把自己看作是富有创意性的团队的一员。他们重新装饰了工作室，购置了新的办公用具，增添了很多艺术品，并在墙上装上多媒体，用来展示团队的作品。不久，团队的工作效率明显提高了很多，提出了很多有价值的创意，更是努力先市场一步，成了市场的导航人。很明显兰迪的队员很有创新意识，但在未改名之前，这些队员却从没想过他们本身的职责就是提供有价值的创意。正是一个简单的更名行为唤醒了队员的想象力，使团队再次充满活力。

这个例子提醒我们：心态决定一切。如果你坚信自己是个富有创意思维的人，你就很有可能不断产生新的创意。相反，如果你一味地认为自己只适合做一名言听计从的员工，你就真的可能一生都只是一名碌碌无为的小员工。当然，激发团队的创意思维并非改个名字那么简单。但在兰迪的故事里，简单的更名好比催化剂，一下子就唤醒了团队内潜伏着的创意性思维。

海蒂·奈克是巴布森学院的一名副教授，教授创业学课程。海蒂·奈克主张让学生在亲自动手的过程中掌握创业管理方面的知识。一次，她先把学生领到一个教室，分给每人一块拼图，要求学生把拼图拼好；之后她又把学生带到另一个教室，里面堆满了各种各样的编织材料，如毛线、尼龙绳、布块等，她要求学生利用手边的材料编一个小毯子。当所有的学生都完成任务后，在海蒂·奈克的指导下，学生们比较了拼图与编织毯子之间的区别。他们发现拼图游戏有明确的目标，一旦其中一块拼错的话，就无法完成整个拼图，但编织毯子的游戏由于没有固定样本，在缺少某种材料时可以充分利用手边可得到的材料补充。随后，海蒂·奈克总结道："企业家要具备编织大师的理念，充分利用身边可利用的一切资源灵活应对突发情况。"

困难中往往隐藏着机会

很多人都容易被眼前的困难蒙蔽住眼睛，误认为找不到完成整个"拼图"所需的最后一块"单片"，看不到隐藏在困难中的机会。

智利就是个典型的例子。首都圣地亚哥的很多年轻人看不到国内潜在的大量创业机会，为此，智利政府和各大学一直努力改变这种不良的风气，鼓励年轻人大胆创业。

2010年，智利政府成立了"启动智利"组织，该组织旨在引进全球各地有远大志向的青年创业者组成创业团队，意在用他们积极的创业精神感染国内的年轻人。智利政府用奖励4万美元、一年居民签证、交流机会等措施，来欢迎这些来自异国的创业者，鼓励他们多和当地企业交流经验，多雇用当地人。所有这些措施都是为了给智利的年轻人树立创业榜样，帮他们克服对创业失败的恐惧，培养他们的创新精神，帮助他们开创自己的企业，参与未来的国际竞争。

斯坦福大学商学院巴巴·希弗教授一直致力于神经学的研究，他发现人们在面对挑战时往往有两种明显不同的反应：一种人完全被挑战中所含的风险吓住；另一种人则深深被挑战可能带来的成功吸引住。面对同一个挑战时，第一类人往往只看到挑战可能带来的失败，不愿从事任何有风险的事情；第二类人却常常注意到挑战成功带来的巨大利益，不愿放过每一个可能成功的机会。

我也常常见到处于中间状态的人，一方面他们不愿失去可能成功的机会，另一方面却无法克服自己内心对失败的恐惧。这类人总是在做痛苦的挣扎，急于摆脱掉内心深处对失败的恐惧，渴望做一番自己热爱、引人注目的大事。那么，给他们最好的建议就是先从小事做起，坚持在日常的小挑战中培养战胜风险的信心，最终一定可以克服对失败的恐惧。创业需要信心的支撑，信心越强，越能克服对失败的担心，越敢接受大的挑战。

很多成功人士的背后都有一些感人的故事，他们不畏艰险、力争成功的精神一直鼓舞着渴望创业的人们。

射波刀技术的发明者约翰·阿德勒博士就是一个典型的例子。约翰·阿德勒博士现在是美国斯坦福大学医学院脑外科及反射肿瘤学教授。20世纪80年代中期，在瑞典卡罗林斯卡医学院进修期间，约翰·阿德勒博士参加了一次脑瘤微创切除术。当时使用的手术设备是伽马刀。伽马刀是一种放射治疗设备，手术过程是先用金属制的头架将患者的头部固定好，然后利用CT等扫描设备确定好脑瘤的精确位置，再设置好伽马射线的发射位置，利用伽马射线杀死脑瘤细胞。伽马刀最大的特点就是伽马射线可以直达病灶，一次性、彻底地杀死肿瘤组织，且几乎不会伤害到人体的正常组织。

约翰博士当时就意识到如果把伽马刀上的头架去掉，它就可以用来治疗人体任何地方的实体瘤，于是他决定在此基础上研发一种新型的更实用的治疗设备。他把这种新型的设备叫作“射波刀”。与伽马刀不同，射波刀不再依靠CT等扫描设备来确定病灶的位置，而是更像一台电脑操控的机器人，可以随时跟踪体内肿瘤的移动。

但这项新技术诞生后并没有立即引起人们的注意，直到18年后，人们才意识到它的重要性。在这18年里，约翰遇到过各种各样资金上、技术上的难题。周围有人劝他放弃，有人嘲笑他，甚至连他的同事都称他为“傻瓜约翰”。

尽管有这么大的阻力，约翰却从未放弃过，一步一个脚印地艰难前行。他不断提醒自己要乐观，相信熬过困难就是成功。他曾说过：“我已经好久没碰到好运气了，如果连坏运气也没有的话，那我就真的什么都没了。”

约翰全身心地投入到射波刀技术的研发中，甚至在1999年辞去了在斯坦福大学的工作，一心一意运营公司。他积极同潜在的客户、投资商沟通，有时为了赢得一个顾客，他主动去拜访该顾客不下30次。最终，几乎20年不知疲倦的努力有了回报，现在射波刀已经取代伽马刀，成为切除体内肿瘤的首选设备，在全球约9万肿瘤病例中得以应用，治疗效果显著。如今，全球已有200多家医院拥有这种昂贵的治疗设备。

如果约翰没有执着的必胜信念和坚定不移的毅力，就不会有射波刀技术的诞生，就没有他今天的成功。

不断提醒自己保持阳光心态是一种人人都可以学会的能力。非营利性组织Appropedia的创始人、美国洪堡州立大学环境资源工程专业的罗尼·葛夫曼教授，就通过各种各样的课堂任务培养学生这种乐观态度。比如，由于罗尼·葛夫曼加入了“海地可持续发展组织”，他曾给学生布置过这样一项任务：利用废弃塑料袋制作一个坚果脱粒机模具。坚果脱粒机模具能快速提高生产效率，增加工厂收入，使工人不再遭受手工制作模具导致的关节炎的痛苦。但当时的情况是，海地国内的坚果脱粒机模具都是从美国进口的，如果能利用海地海滩上人们丢弃的塑料袋制作坚果脱粒机模具的话，海地将不用再从美国进口该模具，同时还可以减少清理海滩废塑料的费用。

几周之后，学生告诉罗尼·葛夫曼这个任务无法完成，因为塑料袋在熔化的时候，会产生一种难闻的有毒气体，他们准备放弃了。这时罗尼给他们打气，鼓励他们重新思考其他的方法，并且告诉他们：“你们要相信总会有办法的，也许这个办法不会像你们预期中的那样完美，但总会有办法的。”

一天后，学生就开心地告诉罗尼·葛夫曼他们找到解决办法了。这次他们没有把塑料袋直接熔化掉，而是先把它们切成细条，然后把这些细条编成块状的塑料布；很多块的塑料布叠加起来之后，用熨斗烫出想要的形状。这样一来，熨斗的温度远低于塑料熔化所需的温度，就不用再担心会产生有毒的气体。通过这次任务，学生们学会了一个道理：遇到困难时，如果坚信总会有一个解决办法的话，你就不会轻易中途放弃，而且最后往往真的能找到不错的解决方案。正如福特公司的亨利·福特所说：“如果你认为你行，你就真的行；相反，如果你认为你不行，你就真的不行。”

奖励诱发无限创意

非营利性机构艾克斯奖基金会的创始人彼得·戴曼狄斯就是这方面的专家，他把亨利·福特的哲学充分渗透到基金会的运营中。艾克斯奖基金会的根本主旨就是利用百万美元大奖的诱惑，使全球各地优秀的发明家们投身到太空开发，探索DNA奥秘，研究汽车节油以及机器人技术等能够造福人类的伟大行动中。具体讲就是，基金会先确定一个研发课题，吸引众多创新组织积极参与，而完成任务最成功的组织将赢得高额奖金。

高难度的挑战能激起人们的探索欲和征服欲，巨额奖金能进一步增强这两种欲望，而且人类的伟大成就很多都是在这样的情况下诞生的。

1919年，法国旅馆业巨头奥泰格提供2.5万美元设立“奥泰格奖”，该奖金将颁发给从纽约一路直飞到巴黎的第一人。如此高额的奖金自然吸引来了大批的参赛者，但最终查尔斯·林白第一个成功地从纽约起飞，不着陆直抵巴黎，这样的壮举令当时的航空业界惊叹不已。

类似的甚至更出色的例子还有很多。

1961年肯尼迪总统向全美国公民宣布，要投资250亿美元，集中全国最好的人力、物力，在10年之内将美国航天员送上月球，这就是美国著名的“阿波罗登月”计划。当时的情况是，苏联刚刚成功将宇航员送上太空，并顺利返回，成为全世界第一个搭载宇航员完成太空轨道飞行的国家。

为了赶超苏联，肯尼迪总统才实施了“阿波罗登月”计划。计划确定后，近40万人投入到这项宏伟的计划中，其中包括一支平均年龄仅为27岁的设计师团队、17万名肯尼迪航天中心的工作人员、5700名全球领先的安全公司诺斯罗普·格鲁曼的职员和500名太空服设计师和裁缝。关于这点，作家凯瑟琳·辛梅西在她的《阿波罗11号：40万人的集体胜利》一书中有详细的记载。经过近40万科技专家8个年头的艰苦努力，1969年7月20日，“阿波罗11号”飞船终于实现了美国人送宇航员到太空的愿望。

与此类似，彼得·戴曼狄斯也是利用这个办法，鼓励人们加入到为全人类奋斗的队伍中的。2004年，艾克斯大奖基金会设立了第一个金额高达1000万美元的“安萨里艾克斯大奖”。该奖项将颁给第一个能设计出3人乘坐，在两周内两度往返100千米高空的载人宇宙飞船的人。参加此项竞争的团队多达26个，每个团队都投入了大量的时间和精力，最大限度地发挥他们的创意思维。终于在2004年，由伯特·鲁坦带领的团队率先制造出了一架这样的载人飞船，成为第一架民间建造的可载人宇宙飞船，勇夺“安萨里艾克斯大奖”。

此后，艾克斯奖基金会为了进一步鼓励人们富有创意地解决当前人类面临的重大问题，又陆续设立了不同的大奖：

2006年底，基金会设立了第二项大奖——阿康艾克斯大奖，奖金高达1000万美元。这项大奖将颁给第一个能在10天以内，完成100个人类基因组序列分析的民间团队。

2007年4月，艾克斯大奖基金会设立了汽车艾克斯大奖，奖金为1000万美元，征求一种只花1加仑（约4.55升）汽油就能跑满100英里（约160千米）的汽车。

2007年9月，基金会又宣布推出奖金为3000万美元的谷歌月球艾克斯大奖，准备奖给第一个能发送机器人登陆月球，使其在月球表面行走500米并向地球传送视频、图像和数据的民间团队。艾克斯基金会的主旨就是鼓励人们投身到能源、环境、教育、健康等关系到全人类福祉的事业中，为此基金会将来还会设立更多的大奖。

在艾克斯基金会创始人彼得·戴曼狄斯眼中，这是一个充满机会的世界，没有什么难题是不能解决的。一次，他看到同事的办公室里贴着墨菲法则：会出错的，终将会出错。彼得认为这是一种消极的态度，他走过去，将上面的“终将会出错”划掉，然后用大字体重新写上“不让它出错”，这样就变成了“会出错的，不让它出错”。或许我们可以把这条新法则叫作“戴曼狄斯法则”。

创意人才引领人类未来发展

为应对人类面临的环境、能源、健康和贫困等重大挑战，培养未来领军人物，2009年，由谷歌、美国国家航天航空局以及科技界专家联合建立了一所新大学，名为“奇点大学”。该大学旨在解决“人类面临的重大挑战”，彼得·戴曼狄斯担任奇点大学的副校长。奇点大学的宗旨是会聚全球最优秀的年轻人才，采用跨学科教学方式，使学生学会如何利用科技，改善人类正面临或未来将会遇到的一系列严峻问题。

据报道，要想顺利毕业，该校学生要在短短两三个月内学习学校提供的生物技术、纳米技术、人工智能、遗传学、法律等10类课程，然后完成一个10年后能对人类生活产生积极影响的项目，例如，怎样减少私人汽车使用量。有一个小组给出的解决方案是，将现在的私人汽车改装成公用车型，这样一来，车主在不用车子的时候可以将车子租给其他人，并从中收取一定费用，从而提高汽车利用率，降低汽车生产量。

废弃电子设备里面往往含有一定量的贵金属，如果这些贵金属未被提取重新利用的话，不仅浪费资源，还会对环境造成危害，因此一个小组决定研发贵金属的回收利用问题。该小组准备培养一种新型的单细胞生物，它能将废弃电子设备中的贵金属提取出来，从而增加贵金属的利用率。与此类似，由于目前3D印刷技术已经深入到各行各业，一个小组提出，如果3D印刷机在失重状态下仍能正常工作的话，未来太空设备、太空站的建造将会迈向一个新的台阶。那时，所有的设备都可以在太空中建造，这会极大地降低飞行成本，人类的航天事业也会进入新的阶段。尽管这些项目听起来特别艰巨，但是每个小组都坚信自己能够成功。他们因此坚持不懈地努力着，目前已取得了很大的进步。

2010年，美国国家航空航天局和美国国防部高级研究计划署联合在旧金山召开会议，宣布正式启动“百年宇宙飞船”计划，与会者包括物理、数学、生物、经济、心理学等各个领域的专家。这次计划的目的是在未来几年或十几年内推出能进行星际旅游的飞船。“百年宇宙飞船”计划工程浩大，甚至美国国家航空航天局和美国国防部高级研究计划署都承认，它对人类创造力是一个极大的挑战。

强烈情绪变化也能激发创意

艾克斯基金会的成功充分证明了奖励对于鼓励创新的重要性，但悲伤、愤怒、兴奋等强烈的感情也可以激发人们的创造力。很多伟大的诗歌都是诗人在万分沮丧的情况下创作出来的，是诗人用来抒发内心悲痛之情的产物。同样，许多成功的企业都是在创始人为了纠正一种错误认识的情况下诞生的。创新并不仅仅是一种大脑活动，更是一种情感活动。

刑满释放人员在重新获得自由后，往往不容易被社会接纳，但在美国芝加哥有一家非营利性企业"温馨起点"专门招收此类人员。据该企业创始人布伦达·帕姆斯·巴伯称，该企业的宗旨就是帮助刑满释放人员重新走向社会。"温馨起点"公司主要生产蜂蜜和相关的护肤品，而从养蜂、采蜜、编辑企业网站、销售到客服等整个生产、销售过程都由员工亲自负责。当这些员工离开企业，重新寻找其他工作时，在"温馨起点"的经历使85%的人都找到了满意的工作。目前，"温馨起点"公司正在考虑在其他州设立分厂，而我们不能忘了正是布伦达·帕姆斯·巴伯对这些刑满释放人员心怀同情，愿意帮助他们重新被社会接纳，才诞生了今日的"温馨起点"公司。

面对任何艰难的挑战，你要有乐观的态度，这样才能发现困境中潜藏的机会，发挥想象力，利用一切可得的资源走出困境，达成目标。你的说话习惯会塑造你的信念，反过来，你的信念也会影响你的说话习惯。只要心怀希望，保持一种客观心态，坚持不懈，你的创意引擎就会被点燃，你就会看到一个充满机会的世界。

第十一课

点燃你的创意引擎

创意力

什么是创意引擎模式？

美国《时代》杂志上曾刊登过桑杜恩·查勒特的故事。

桑杜恩·查勒特，也被称为“莱柯”，她从小生活在泰国北部的一个名叫巴安劳的小村子里。在她小的时候，家里养了一头大象，查勒特格外喜欢这头大象，把它照顾得无微不至。没想到这个经历竟影响到查勒特今后的一生。当查勒特从学校毕业工作以后，她目睹了人们对大象的各种虐待，决定将自己的一生献给保护大象事业。从此，她尽可能多地了解关于大象的一切信息，并发现泰国大象的数量在急剧减少。数据显示，泰国现有野生大象仅500头，家养、供游人娱乐的大象有2000头，但大部分的家养大象都受到不同程度的虐待。于是，查勒特决定做些有意义的事情来保护正在濒临灭绝的大象。

20世纪90年代初期，查勒特利用募得的资金，在泰国清迈附近兴建了一处大象庇护所——大象自然公园。运营庇护所需要大量的资金，查勒特用尽一切办法到处筹募资金，同时还要说服那些反对保护大象的当地居民。顶着各种各样的压力，大象自然公园接纳了许多被地雷炸伤、过度劳累或被马戏团抛弃的大象。到目前为止，园中已经收留了35头大象。大象自然公园是免费对外开放的，而且很多游人在接触大象、了解它们的故事之后都自愿加入到了公园的管理工作中。

实际上，正是查勒特对大象的喜爱和同情才促使她主动去了解有关大象的知识——这也是泰国当地的一种文化。在此基础上，查勒特发挥自己的想象力，兴建了一处大象庇护所。在那里，她可以和其他人一起分享她对大象的热爱和她所掌握的知识。当游人参观庇护所时，这些活泼可爱的大象会让人们反思自己日常对待大象的行为，从而改变他们对大象的态度，进而逐渐改变当地的整个文化氛围。这就是创意引擎的运行模式！创意引擎恰当地抓住了影响创新的内因与外因，详细地描述了内、外因之间的相互作用。

影响创意思维的三大内因：知识、想象力和态度

影响创意思维的内因有知识、想象力和态度。

美国当代著名的心理学家、教育家、芝加哥大学教育系教育学教授本杰明·布卢姆，曾在20世纪50年代深入研究过人类的学习行为。他的研究主要集中在“你知道什么、你能做什么以及你感觉怎样”这三点对学习效果的影响，也就是通常所说的知识、能力和态度对学习效果的作用。

由于本书重点关注的是创新，因此我把本杰明·布卢姆教授的“能力”一项具体化为“想象力”，因为创意思维必须有想象力做依托。下面我将对这三个内因逐个详细地予以介绍。

知识

无论从事音乐类、数学类或其他任何职业，知识是发挥想象力的基础。没有丰富的知识储备，想象力就会软弱无力，无法自由翱翔；对特定领域了解得越多，发挥想象时就越有据可依，越有可能产生非凡的创意。因此，如果你想设计一款别出心裁的太阳能汽车，你就必须从了解工程学或生物学等相关知识开始。

有人不赞同这种说法，他们认为实现创新的最佳状态是腾空大脑，让大脑像一张白纸一样，不受任何现有的知识或规定制约。的确，现实中也有这样的例子。但是如果你进一步深入观察这种现象，你就会发现，在很多情况下，那些所谓对自己从事的行业一窍不通的成功人士，并非真的对他们的工作一无所知，相反，他们恰恰是相关行业的精英。这些成功人士从所擅长的行业转到一个相对陌生的行业，由于不甚了解行业规则，常常做出一些让业内人士大为吃惊的举动。马克·吐温有句名言，讲的就是这个道理："一流的剑客完全不必担心二流的剑客，他们真正应该害怕的是那些无知的、从未拿过剑的敌人。正因为这些敌人从未碰过剑，所以他们可以不受剑道的约束，随意发挥，却往往打败了成名的剑客。"

横跨不同领域的创业者往往都是这方面的专家。当他们进入一个全新的领域后，能够迅速地将前一次的投资经验运用到目前的新投资活动中。

我们在前几课中提到的"天气保险公司"就是一个典型的例子。天气保险公司主要研发一种负责气象保险的软件，意在鼓励农民购买农作物气象保险，降低因恶劣天气造成的损失。这家新型的保险公司发展特别迅速，但有趣的是，公司里的所有员工，甚至创始人大卫·弗莱德伯格自己也从未正式学习过气象学或农学。大卫·弗莱德伯格本来是学天体物理学的，做过一段时间的投资银行家，后来在谷歌负责战略开发工作。其他的员工也曾从事过不同行业，有的是数学家，有的是工程师，甚至有的是神经学家。但正是这种不同的专业背景和知识使他们能够快速适应新工作的需要，如经过正规培养的神经学家往往善于分析复杂的、瞬息变化的数据。这种能力使他能迅速高效地分析天气数据，发现天气变化的规律。不久之后，凭借以往的工作经验，员工们很快就可以掌握相关的气象学或农学知识，这些知识也将会是他们从事下一个新行业时的参考。

想象力

知识很重要，但没有了想象力，知识只能是一潭死水，无法衍生出新的东西。想象力好比创新的催化剂，没有它，就不会有新的观念、新的产品。想象力是可以学习的，而且有一系列的科学方法可供我们参考，其中包括横向类比与纵向深入、重申问题以及善于质疑。这几种方法我们在前几课里已详细说明过，这里就不再一一赘述。

华盛顿大学文理学院的卡尔·茨布纳和凯思琳·麦克德尔莫特在2007年认真研究过记忆与想象力的关系。通过大量的心理和神经实验，他们发现对过去的回忆与对未来的想象之间存在着密切的联系，负责这两种功能的大脑部位惊人地相同，这也就很好地解释了为什么有些失忆的人无法思考未来。实际上，正是想象力将我们已知的知识或者储备的记忆转化为新的东西。没有想象力，旧的知识就好比鸟儿缺少了翅膀，表现不出应有的能力；没有已有的知识，想象力就成了无源之水、无本之木，终归干涸、枯败。比如，我们看见了汽车和小鸟，大脑将这两种形象存储起来，在想象力的作用下，我们可以联想到会飞的汽车或电动的小鸟，这就是知识与想象力相互作用的过程。

我们每时每刻都从周围获得大量的知识，这些知识好比燃料，只要加以运用，我们的想象力之火就能熊熊燃烧，永不熄灭。为了让学生明白这个道理，我在课堂上曾带领他们做过一个很棒的热身小游戏。这个游戏最早是由帕特丽夏·赖安·麦迪逊发明的，刊登在她的《即兴创作的智慧》一书里。

游戏是这样的：

我让学生假想在他们的课桌上放着一个漂亮的礼品盒，要求他们感受一下它的重量、大小以及包装是否精美；然后在慢慢打开它之前，先想象里面会是什么礼物，但我告诉他们盒子里的礼物一定不是他们所渴望的东西。当我在教室里来回走动的时候，学生们争着告诉我他们渴望收到的礼物和盒子里实际装的礼物是什么。从巧克力到书本，从蛋糕到环球冒险的机票，学生的答案各种各样，有的甚至让人吃惊。第一轮游戏过后，我又让他们做了第二轮、第三轮……但每次总有不同的新奇的答案。通过这个热身游戏，学生们意识到想象力好比无底洞，永不枯竭，往往挖掘得越深，就越有新奇的发现。

态度

态度好比火把，如果没有必能实现创新的信念，创意引擎就无法被点燃，人只能待在原地不动。一个人有什么样的态度，就决定了他怎样理解、反馈周围世界，目前神经学已能提供充分的证据来支撑这个观点。

美国密歇根州立大学杰森·莫瑟教授和他的同事最近做了一项研究，主题是为什么有的人只会一而再，再而三地犯同样的错误，而有些人却善于从错误中吸取教训。研究结果即将刊载在美国的《心理科学》杂志上。杰森·莫瑟教授借用了斯坦福大学精神病专家卡罗尔·德维克提出来的“二分法”，将受试对象区分为具有固定心态的人和成长心态的人，前者坚信从错误中学不到任何有用的东西，而后者深知错误是获得知识的重要前提，只要投入足够的时间和精力，就能够处理好任何事情。杰森·莫瑟教授发现，拥有不同心态的人面对同一错误时他们大脑做出的反应是不一样的。

具体的实验过程如下：

杰森·莫瑟教授让受试对象看一系列由5个字母组成的字母列，要求他们辨认出中间的字母。有时中间的字母与其他字母一样，比如“MMMMM”结构；有时不一样，比如“NNMNN”结构。这个测试难度并不大，但由于比较枯燥，注意力很容易分散。受试对象一旦出错，他们就会立刻感到后悔不已。在整个实验过程中，受试对象都戴有一个脑电波扫描器盖，可以精确记录大脑的脑电活动。

当测试出错时，所有受试对象的脑电波扫描器都会显示两个明显的活动信号。杰森·莫瑟教授认为第一个活动信号是“糟糕”信号，是所有人出错时大脑的一个本能反应；第二个活动信号为“关注错误”信号，是人们主动分析错误，从错误中吸取教训的信号。具有固定心态的人和具有成长心态的人之间最重要的区别就在于，后者大脑中“关注错误”信号持续的时间更长，峰值更高，也就是说，他们把错误当作是学习新知识的机会，而不是出丑的场合。

斯坦福大学教育学院的卡罗尔·德韦克博士深入研究过心理定向与

成功的关系，专门出版过《心理定向与成功》一书。她发现我们对待周围世界的态度深受他人和自己主观意识的影响。德韦克和她的同事做了一个实验，她们把一班成绩较差的七年级学生平均分为两组，一组作为对照组，一组作为实验组。实验组的学生被告知智力好比肌肉，只要多加练习，就一定可以得到提高，而对照组的学生则不做任何处理。不久之后，实验组学生的数学成绩与之前相比有了明显的提高，而对照组学生的成绩则变化不大。这个实验生动地说明了心态是可以由自己掌控的。

影响创意引擎的三大外因：资源、环境和文化

无论我们怎样增加知识，发挥想象，保持积极态度，终究逃脱不了外部环境的影响。

我还清楚地记得，当我的儿子乔什4岁的时候，有一次我要去洗澡，为了不让乔什乱跑，我把电视打开，告诉他有事的话叫我。乔什之前从未看过电视，当然也没有看过电视广告。大概两分钟后，我就听到他在大声地喊着“妈妈、妈妈、妈妈”。我慌忙披着浴巾跑出来，他一看到我就叫道：“妈妈，电视上说我们必须买水果馅饼！”我们就好比生活在水中的鱼，周围的环境就好比我们生活在其中的水。不管我们如何努力地控制好

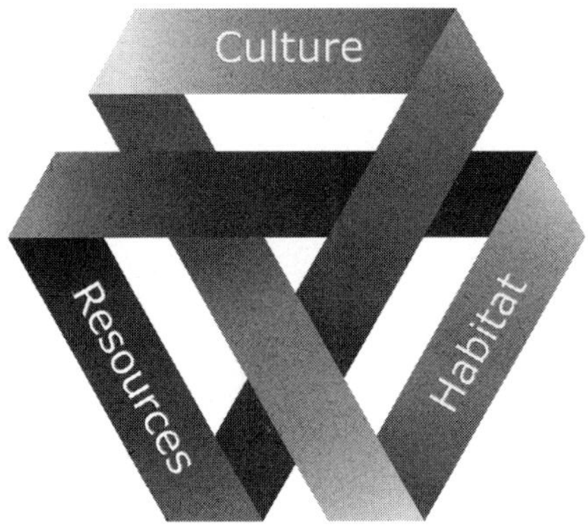

自己，周围环境还是会时刻影响我们的一举一动。

影响创意引擎的外因主要有三个：资源、环境和文化，这三个因素时而鼓励创新，时而抑制创新，下面对这三个因素逐个予以详细介绍。

资源

资源指周围环境里一切可利用的东西。资金是一种资源；鱼、花、钻石、瀑布等也是一种资源；个人、专家、大学、公司等凡是能给你提供帮助，鼓励你创新的一切个体、机构都是一种资源。

前面我们讲过知识与想象力之间的相互关系，同样，知识与资源之间也是相辅相成的。你了解的知识越多，得到的资源就越多。比如，你越懂得如何钓鱼，越能钓到更多的鱼；越清楚铜的分布特质，越能开采出更多的铜。反过来亦然，你生活的地方如果是渔乡，就必然懂得更多的捕鱼知识；如果你在铜矿山附近，就肯定熟悉铜的特征。因此，周围环境里的资源会影响到你的知识储备，同样，你的知识储备也反作用于资源的获得。这也就是我为什么在创新模型里把资源这一因素放到与知识相应的位置上。

生活中有些资源是显而易见的，有些资源却需要一定的努力才得以发现，关键就要看你有没有善于发现可用资源的能力了。遗憾的是，好多人都忙着崇拜、复制其他地方的优秀资源，却眼睁睁地忽视自己身边或许更优秀、更出色的资源。

比如，不久前我出差到智利北部的城市安托法加斯塔，那里是世界上最美丽的地方之一，一边是连绵3000英里（1英里=1.609 344千米）的金色沙滩，一边是纵横的安第斯山脉。当我在一家咖啡馆里询问当地人他们的经济发展遇到什么难题时，一名男子这样对我说：“我们没有吸引人的自然景观。”当时窗外就是一派美得让人窒息的沙滩海景，他却视而不见！

环境

在创意引擎模型里，环境因素与想象力相对应，因为我们创建的外部环境正是内在想象力的直观反映。我们根据内心的想象来建造外部环境，反过来，外部环境加深或弱化我们的内在想象。在之前的课中，我们已经了解到在营造创新型工作或学习氛围时，管理层、教育工作者和家长要切记空间大小、奖惩制度、人员组合等因素都会影响到员工、学生创意思维的发挥，哪怕微小的变动都可能带来极大的影响。

文化

文化指集体对待问题的观点和态度。每个人都深受集体文化的影响，崇拜集体推崇的英雄模范，警惕集体鄙视的言行，遵守集体制定的法律，接受集体推出的广告。从早上睁开眼睛到晚上闭上眼睛，我们无时无刻不在接受集体试图灌输给我们的观念。从生到死，每个人的一生都深深烙上了集体的印记，如一个从小在旧金山长大的人肯定与一个在新泽西郊区、印度乡下或伦敦市中心长大的人有不一样的价值观。

个体、家庭、学校和企业共同营造了当地的集体文化，也就是说，文化是一个地区对待世界的一种集体观念，所以我在创意引擎模型里把文化因素放到与态度相对应的位置。文化并不是亘古不变的，而是不断流动，不断变化的。现在仔细回想一下最近几十年来人们对吸烟的态度你就会发现，文化的变化是先从一小部分人开始的，这部分人的观念逐渐被大家接受，就形成了新的主流文化。一旦形成主流文化，集体就会以立法的形式将它确定下来，从而进一步加固了这种新观念，如此周而复始。因此，我们每个人都可以对周围的文化产生影响。

现在，创意引擎里的内外因素都联系起来了。

·对某事的态度很可能引发你的好奇心，从而促使你主动去了解相关的知识。

·有了丰富的知识储备，就可以自由地发挥想象，产生意想不到的创意。

·根据内心的想象，利用身边一切可利用的资源，建造适宜创新的办公室等外部环境。

·外部环境反作用于人的内在态度，共同对周围的文化产生影响。

下面这幅图完整地展示了影响创新的内外因素之间的相互作用。内因作用于外因，外因反映内因，内、外因相辅相成，构成一个完整的整体。只有充分发挥各个因素的作用，潜在的创意思维才能被完全激活，才能使个体、团队或组织拥有渴望已久的快速创新能力。

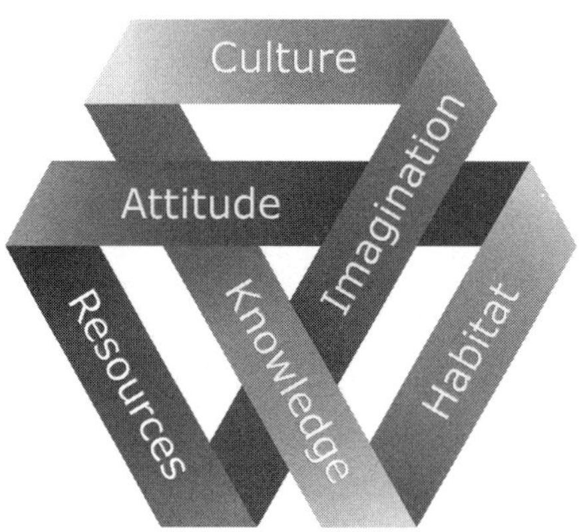

创新现象具有连锁反应，往往一个成功的创新实例可以引发一连串的创新热潮。关于这点，有“美国神秘创业摇篮”之称的巴布森学院的丹尼尔·艾森伯格教授，在他的《怎样实现创业革命》一文中有详细的介绍：

最近，越来越多的创业实例表明，一个创新型企业的成功往往能激发公众潜在的想象力，催生一个新的创业体系。我把这种规律称之为“小数定律”。

引领网络通信革命的网络电话龙头、爱沙尼亚新创企业Skype就是一个典型的例子。Skype于2003年在爱沙尼亚创立，很快就拥有上百万的全球用户，在2005年被易趣以26亿美元天价收购，在2011年又以85亿美元现金被微软买下。Skype的成功震动了整个爱沙尼亚，使很多资深技术人员纷纷成立自己的公司，如今，网络科技产业成为爱沙尼亚发展的一个重点。与此类似的是中国的搜索引擎百度。自2000年成立以来，百度如今已成为在中国最受欢迎、影响力最大的中文网站，与之相伴的是诞生了一系列新型的类似产业，如在线购物等。

丹尼尔·艾森伯格还举了另外一个例子。

阿布杜拉·奥·姆尼夫出生在沙特阿拉伯，当地盛产椰枣。阿布杜拉没有拘泥于传统的椰枣出售模式，而是将椰枣外面涂上了一层厚厚的巧克力。刚开始时，他仅在报亭里出售，没想到这种巧克力椰枣深受大家欢迎，阿布杜拉很快成立了巧克力椰枣销售公司Anoosh。如今，Anoosh已在全国建立了不少连锁店，阿布杜拉成了当地的英雄，激励着其他渴望创业的年轻人。

著名的非营利性机构Endeavor就是依靠创业模范的榜样效应来推动发展中国家的创业精神的。Endeavor从拉美国家起步，然后逐步扩展到中东、非洲等其他国家和地区。Endeavor制定了严格的流程甄别出高潜力创业者，从各个方面向他们提供成功创业所需的各种资源。目前Endeavor已在拉美、中东和非洲成功培养了不少优秀的创业模范。他们的成功不仅促进了当地经济的发展，更重要的是，他们的冒险精神和强烈的创新意识都冲击着当地文化，使其变得更开放、更包容、更适应创新。正如丹尼尔·艾森伯格所说："要想加强某个地方的创业精神，还必须从本土出发。利用当地的先进例子激发当地居民的创业欲望，如果这一点实现不了，其他外部努力很难起作用。"

Endeavor曾成功资助过温塞斯拉斯·卡萨雷斯和迈耶·玛卡。温塞斯拉斯来自巴塔哥尼亚（南美的一个地区），迈耶来自委内瑞拉的首都加拉加斯，他们两个人决定一起在阿根廷成立拉美地区第一家网上证券交易公司。这家名为Patagon的公司一经成立，很快就将业务范围拓展到整个拉美地区，最后被西班牙国际银行收购。

温塞斯拉斯和迈耶成了拉美地区年轻创业家尊崇的楷模，数百人受到他们的精神鼓舞，而且有十几家企业是在他们的帮助下成立的。他们的成功带来连锁反应，鼓励了当地的创业精神，改善了当地的生活条件，引发了当地的创业革命。

类似的事例在Endeavor里还有很多。来自约旦的法第·甘多尔在首都安曼成立了一家名为阿迈斯的国际快递公司。公司发展迅速，成为中东地区可以在纳斯达克进行交易的第一家。阿迈斯公司成功后，法第·甘多尔成了约旦备受推崇的创业家和投资家，而且积极推动约旦Endeavor机构的发展，帮助众多企业成长，其中包括被雅虎收购的阿拉伯最大的门户网站Maktoob。Maktoob被收购后，其创始人转而开始帮助其他新创企业，如此反复，将创业精神和包容意识渗透到当地的传统文化中。

除了高科技产业之外，Endeavor也资助过其他非高科技产业。比如，Endervor曾帮助过一对来自埃及的姐妹汉蒂和娜达。这对姐妹在首都开罗开了一家连锁书店，结果这家书店不仅越办越好，而且还成了当地的文化交流中心。与此类似，辛西娅·玛洪巴在南非成立一家新扫承包公司，如今公司已帮助1000多名员工摆脱了贫穷。所有这些例子都在说明一个道理：任何一次成功的创业都能激发人们对创新的追求，催生更多的新创企业。

5年前，斯坦福技术创业项目为了培养学生的创新能力，举办了一次名为“全球创意大赛”的活动。所有的参赛学生会拿到5美元或者一件像水壶、几根橡皮筋之类的简单物品，要求他们在一周之内利用手中的这些东西创造尽可能多的价值。

具体的活动内容在我的《真希望我20几岁就知道的事》一书里有详细记载，这里需要说明的是，任何东西，哪怕几根常见的橡皮筋，都可以创造出你意想不到的价值。事实上，这次活动中的几个创意后来真的发展成了几家公司，而且到目前为止，这几家公司都还运营得不错。

后来我收到来自世界各地的人们的来信，信上称他们也采用了5美元的办法，尽管有的把美元换成英镑等其他货币，但本质是一致的。比如，我收到一封来自肯尼亚的来信，来信人叫玛利亚·斯普林格。她成立了一家名为“温暖家园”的公司，主要帮助贫民窟里无家可归，靠收废旧塑料、洗车或者卖身的年轻人走出困境，找到一份正式的工作，过上正常的生活。

当满足条件的年轻人来公司提交申请后，玛利亚·斯普林格就把他们分为两两一组，给每一小组小额现金，要求他们在2个小时之内挣到尽可能多的钱。有一次，在刚刚给三个小组分配过任务之后，天就下起雨来。第一小组用分到的钱全部买了西红柿，站在路口向过往的路人售卖。第二小组与第一小组相似，只不过他们卖的是棒棒糖。只有第三小组成员在观察过往行人后，决定好好利用这次的大雨。他们没有把手中的钱换成其他物品，而是跑到位于镇子郊区的水站。

当地的情况是，要想满足家里日常生活的用水需求，妇女们往往要背负重达10公升的水壶到水站取水。当时由于雨下得特别大，妇女们都愿意掏12美分让第三小组的成员帮她们把水送回家。整整2个小时，这两个年轻人一直穿梭在雨中，牢牢抓住大雨带来的机会。2个小时后，他们浑身湿透地回到“温馨家园”的办公室，成为三个小组中挣钱最多的一组。

不久前，我刚刚从日本讲学回来。讲学地点在大阪大学，当时共有40名学生。在课堂上出现的不再是5美元或其他常见物品，我给他们布置了一项更具挑战性的任务，要求他们在2个小时之内利用一只垃圾箱里的东西尽可能地创造更多价值。同时，我给我那些在世界各地教学的同事写信，希望他们也能给学生布置这样的任务，不久就有泰国、韩国、爱尔兰、厄瓜多尔和中国台湾的同事加入了此次活动。

任务刚刚分配下去后，学生们都感觉无法理解，垃圾桶里的东西还能创造什么价值？！但正是这个原因，才迫使他们重新审视“价值”的意义。他们花费了大部分的时间一起讨论，在他们眼里什么才称得上有“价值”。讨论的结果是，价值并不仅仅指金钱方面，也包括健康、快乐、知识和安全感等，这使他们能从一个新的角度重新定义垃圾桶里的东西。

2个小时之后，学生交上来的作品让我大为吃惊。有一个小组从当地的干洗店里拿到了旧的挂钩和塑料制的西服包装袋。他们利用这些材料制作了个塑料垫子，供出外野营时铺在潮湿的草地上。此外，他们还在垫子上面画上棋盘，这样一来，还可以把垫子拿来下棋。来自厄瓜多尔的一组学生利用庭院里的有机垃圾（又称湿垃圾）制作了一尊漂亮的小鸟雕像；来自爱尔兰的一组学生则把一堆废旧的袜子拼凑成了一件精美的毛衣；而来自中国台湾的一组学生把垃圾箱里的废旧东西改装成供小孩玩的玩具。有一个同学事后感叹道：“我之前从未想过我们原来有这么丰富的创意性思维！”

所有这些活动都是为了让学生明白，即使没有丰富的物质条件，一样可以有非同凡响的创意。在上面这个例子中，学生成功地把被人们抛弃的东西转变为具有价值的新物品，就很好地证明了这一点。学生们凭借着他们丰富的想象力、已有的知识储备和乐观的态度，外加我提供的资源、营造的创新氛围和鼓励，终于成功地完成了这项任务。想象力、知识和态度是内因，资源、环境和文化是外因，内、外因的综合作用才可最大限度地激发他们的创造力，带来不一样的创新冲击。创意引擎模式就恰当地把握住了内外因之间的相互关系：

· 知识是想象力得以发挥的基础。

· 想象力是创新的催化剂，没有它，知识终究只是陈旧的知识，不会诞生新事物。

· 创新的过程要受到资源、环境、文化等外部因素的影响。

· 态度是火把，只有它才能点燃创意引擎。

创意性思维是取之不尽、用之不竭的宝藏，只有不畏困难、善于抓住机会的人才能把它开发出来。日常生活中处处隐藏着创新的机会，别人随口说的一句话、路上偶然碰到的一件物品、随意做出的一个决定，这些都有可能给你灵感，激发你的创意思维。创意思维是可以通过练习加强的。主动培养观察能力，学会横向、纵向思考问题，换种方式提问，多提几个“为什么”，这几点只要坚持练习，创意思维必会有所增强。此外，也可以专门构建一些鼓励创新的环境，打造一支渴望创新的团队，营造一种不怕失败、大胆尝试的氛围，所有这些措施会进一步加深个人或团队的创意思维。

你的创意引擎需要你亲自点燃，潜在的创新能力还需要你亲自释放出来。一旦启动了创意引擎，你就拥有了克服任何困难的能力，就能全面地认识问题、分析问题，最终找到合适的解决方案。任何想法，无论最初看起来多么荒谬离奇，只要能通过想象力得以实现，都将会推动社会的进步。如果没有了不断出现的新创意，人类就会停滞不前，甚至会倒退。

因此，我们每个人都有义务发挥自己的创造性思维，为自己、为社会创造一个美好的未来。

点燃你的创意引擎吧！

后记

这本书的出版离不开创意引擎的六要素——知识、想象力、态度、环境、资源和文化，缺少任何一项，这本书都将无法完成。在斯坦福大学教授创意思维课程的时候，我就开始密切观察课堂动态，试图探索创意思维对学生的影响。同时，为了更好地理解创新的含义与作用，我常常同身边的同事、朋友甚至路人探讨有关创新的话题，他们的观点和切身经历加深了我对这一话题的理解。

我特别感谢下面的这些同事、朋友，谢谢他们抽出宝贵的时间让我分享他们的创新经历：艾伦·默里、阿利斯泰尔·费、安·米乌拉科、安娜里·萨克森宁、阿瑟·本杰明、布兰登·博伊尔、大卫·弗莱德伯格、丹尼斯·博伊尔、迭戈·佩森提尼、伊莉斯·鲍尔、伊丽莎白·韦伊、埃里克·里斯、伊万·麦金托什、福勒斯特·格里克、弗雷达·卡普尔·克莱恩、海蒂·奈克、詹姆斯·普拉莫、简·鲍得戈、珍妮·甘、杰夫·霍金、杰西·库恩、约翰·阿德勒、乔什·麦考尔、朱利安·卡罗斯哥、凯文·斯特罗姆、莱蒂西娅·布里托斯、莉斯·格柏、罗尼·葛夫曼、林恩·田纳福斯、玛利亚·施普林格、马克·德布雷克、马修·梅、梅耶·玛卡、迈克·巴里、迈克·克里格、迈克·怀特、米歇尔·巴里、米尔·伊姆兰、米切尔·卡普尔、南希·艾萨克、尼古拉斯·谢伊、帕特丽夏·赖安·麦迪逊、保罗·赫德纳特、佩吉·伯克、彼得·戴蒙狄斯、兰迪·扎克伯格、罗伯特·西吉尔、罗德里格·乔丹、罗里·麦克唐纳、山姆·温伯格、司各特·道勒雷、肖恩·杨、史蒂夫·布兰克和特里普·阿德勒。

写作需要适宜的工作环境，幸运的是，我能在斯坦福大学哈索·普拉特纳设计学院和工程学院工作。那里的同事热情、勤奋，在我写作的过程中给我提供了各种帮助和莫大的支持。为此，我特意向下面的几位同事表示衷心的感谢：安吉拉·海沃德、伯尼·罗斯、鲍勃·萨顿、夏洛特·奥本、大卫·凯利、马特·哈维、妮可·卡恩、丽贝卡·爱德华、希尔帕·斯娜娃拉和汤姆·拜尔斯。

我还要感谢出版商马克·泰伯尔、编辑基迪恩·韦伊和苏珊·奎斯特以及亚伦·卡尔布、斯蒂负·布兰克等人，他们不厌其烦地给我提出宝贵的修改意见，才确保了这本书最终的出版质量。

在写作过程中我也曾遇到各种麻烦，但硅谷的创业精神一直鼓舞着我，使我有勇气一次又一次不厌其烦地修改初稿，直到满意为止。同时，一些优秀的成功人士不达目的不罢休的执着精神也深深地感染了我，他们成了我的榜样，激励着我不要中途放弃。

当所有的资料准备齐全，写作地点也确定下来后，我就开始发挥大脑的想象力，反复分析、挖掘手中的资料，反复整合、拆分各部分内容，不断尝试新的写作方法，力求使本书日臻完美。

而这本书的创作意图十分简单，就是想把我多年教授创意思维课的课堂经验分享给大家，为全球各地研究创新的同行提供一份参考资料。

此外，我还要衷心地感谢我的丈夫迈克和儿子乔什，感谢他们多年来对我的支持和鼓励，让我能专心地投入到这本书的写作中。

最后，我要把这本书献给我的一位好友萨拉雯。我和萨拉雯认识已经有三十多年了，这三十多年来她就像我的缪斯和精神导师，指导着我不断前进。对她来说，生命就是一个不断为他人、为自己创造价值的过程。但不幸的是，她在这本书未完成时就离开了我们。我十分怀念她。